B. Eng. Axel Jörn

Flugzeugentwicklung am Beispiel des Airbus A380

Von der Idee zur Zulassung

Jörn, B. Eng. Axel: Flugzeugentwicklung am Beispiel des Airbus A380: Von der Idee zur Zulassung. Hamburg, Bachelor + Master Publishing 2015
Originaltitel der Arbeit: Die Entwicklung des Airbus A380

Buch-ISBN: 978-3-95820-322-8
PDF-eBook-ISBN: 978-3-95820-822-3
Druck/Herstellung: Bachelor + Master Publishing, Hamburg, 2015
Covermotiv: © Kobes · Fotolia.com
Zugl. bbw Hochschule, Berlin, Deutschland, Studienarbeit, 2010

Bibliografische Information der Deutschen Nationalbibliothek:
Die Deutsche Nationalbibliothek verzeichnet diese Publikation in der Deutschen Nationalbibliografie; detaillierte bibliografische Daten sind im Internet über http://dnb.d-nb.de abrufbar.

© Bachelor + Master Publishing, Imprint der Diplomica Verlag GmbH
Hermannstal 119k, 22119 Hamburg
http://www.diplomica-verlag.de, Hamburg 2015
Printed in Germany

Inhalt

1 Einleitung

Der Airbus A380 ist, mit bis zu 853 Sitzplätzen (nur economy class) und 550 Sitzplätzen in einer typischen Drei Klassen-Konfiguration, das größte und mit einem Kerosin Verbrauch von weniger als drei Litern pro Passagier auf 100 Kilometer das effizienteste und umweltfreundlichste derzeit existierende Passagierflugzeug der Welt. Er ist bekannt geworden aufgrund seiner Präsenz in Politik und Medien, neuartigen Technik sowie Entwicklungs- und Lieferverzögerungen. Die folgende Arbeit soll dem Leser die Geschichte, Produktion und Entwicklung des "Riesen-Jets" näher bringen. Themen bezüglich der Personalpolitik und Logistik sollen in dieser Arbeit nicht betrachtet werden.

2 Die Entwicklung des Airbus A380

2.1 Die Geschichte

2.1.1. Jürgen Thomas: „der Vater des Airbus A380"

Es war zu Beginn des Jahres 2000 als die vier Airbus-Partner Frankreich, Deutschland, Großbritannien und Spanien „grünes Licht" für den Bau des „Europäischen Jumbos" A3XX gaben. Defacto war die Entscheidung über die Entwicklung und den Bau des bis dato größten Verkehrsflugzeuges schon im April 1996 gefallen, als die Airbus Industrie die „Large Aircraft Division" für alle mit der Entwicklung des geplanten Großraumflugzeuges zusammenhängenden Arbeiten gegründet und den deutschen Ingenieur und Konstrukteur Jürgen Thomas zu ihrem Leiter ernannt hatten. Er wurde „Vater des Airbus A380" vgl. [A380, 2005] Jürgen Thomas ist 1937 in Leipzig geboren und hat in München Maschinenbau & Aerodynamik studiert. Er begann seine Laufbahn bei der Ernst Heinkel GmbH und ist in der internationalen Luftfahrtindustrie als „Mann für schwierige Fälle" bekannt. Er erklärt heute mit Stolz: „Der Airbus A380 ist die größte Herausforderung meines Lebens gewesen". Das Flugzeug an den Grenzen der Physik wird immer mit seinem Namen verbunden sein. Umso mehr hat es ihn geärgert, dass „sein Flugzeug bei der ersten Präsentation wenig schmeichelhaft als riesiges Pummelchen bezeichnet wurde. Jürgen Thomas: „Wir wollen keinen Schönheitspreis gewinnen, sondern ein großes Flugzeug mit neuen Dimensionen schaffen. Dieses Flugzeug entstand nach den Gesetzen der Physik und Aerodynamik. Und wir sind dabei an die Grenzen des technisch machbaren gegangen." vgl. [A380,2005]

Abbildung 2.1.1. Jürgen Thomas, Quelle [A380,2005]

2.1.2. Der Widerstand durch Boeing

Da ein Flugzeug dieser Größenordnung eine direkte Konkurrenz zur Boeing 747 darstellt ist es nicht verwunderlich, dass Boeing dieses Projekt verhindern wollte. Bei einem Treffen zwischen dem damaligem Boeing Chef Phil Condit und dem EADS-Aufsichtsratsvorsitzenden Manfred Bischoff kam es zu folgenden Gespräch: „Die A3XX, die ihr bei Airbus jetzt offensichtlich bauen wollt, wird doch mit erheblichen Subventionen der beteiligten Staaten finanziert. Das werden wir nicht hinnehmen". Manfred Bischoff, der bis zuletzt über die wahren Absichten des populären Amerikaners gerätselt hatte, begriff: Phil Condit wollte unter allen Umständen verhindern, dass Airbus das neue Großraumflugzeug baut und damit der Boeing 747 Konkurrenz macht. Der offizielle Programmstart [1] war zwar noch nicht erfolgt, aber dass die europäischen Flugzeugbauer nach langen und schwierigen Verhandlungen entschlossen waren, den doppelstöckigen Jet zu bauen, stand mittlerweile fest. Den Vorwurf unberechtigter Subventionen parierte der Deutsche mühelos. „Wir bekommen ein Darlehen über 25% der Entwicklungskosten und ein Weiteres über acht Prozent. Beide sind rückzahlbar unter genau definierten Bedingungen. „Im Übrigen sei das alles nachprüfbar und konform mit dem Airbus-Accord von 1992, in dem Europäer und Amerikaner faire Wettbewerbsbedingungen festgezurrt hatten." vgl. [A380,2005] Im weiterem Verlauf des Gespräches drohte Condit mit Strafzöllen für Produkte aus den beteiligtem Firmen wie z.B. Mercedes und versuchte dem Vorstandsmitglied von Daimler Chrysler (damals mit 22,5% Aktienanteil an EADS vgl.[Focus09]) das Projekt auszureden und wiederholte des öfteren: Das Flugzeug werde ein großes Verlustgeschäft für die Europäer. Alles in allem ein kläglicher Versuch, aber der Beweis, dass Boeing den Konkurrenten Airbus inzwischen sehr ernst nahm.

2.1.3. Die vier Airbus-Divisionen

Nachdem es den Versuch eines amerikanisch-europäischen Gemeinschaftsprojekt gegeben hatte glaubte Europas multinationale Airbus-Welt zunehmend stärker an sich selbst und die eigenen Innovationskräfte."Immer neue „Geisterflugzeuge" flogen durch die Computer der Entwicklungsbüros eigentlich aller Flugzeughersteller. Aerospatiale arbeitete am ASX 500/600-Programm, British Aerospace beschäftigte sich mit dem AC14-Projekt. Bei Daimler-Benz Aerospace (DASA) hieß das Projekt ursprünglich P502/P602. Daraus wurde dann die A350[2] und schließlich das A2000-Projekt. Die Deutsche Airbus gab von vornherein die Maxime aus, mit dem neuen Großraumflugzeug unbedingt oberhalb der Boeing 747-Gruppe anzusetzen: „eine Neuentwicklung muss dort beginnen, wo andere enden, und genügend Weiterentwicklungspotential aufweisen." vgl. [A380, 2005]

Abbildung 2.1.3. Das UHCA (Ultra High Composite Aircraft) war eine der ersten Ideen auf dem langen Wege zum A380, Quelle [A380, 2005]

[1]Offizeller Programmstart A3XX: 19. Dezember 2000.

[2] Noch nicht ahnend, dass Airbus ein gutes Dutzend Jahre später einen neuen Großraumjet A350 nennen sollte, der in direkter Konkurrenz zum „Dreamliner", der Boeing 787, fliegen soll.

2.1.4. Budget- und Gewichts- Probleme

Das Projekt startete mit einem Anfangsbudget von 40 Mio. US-Dollar. Bescheidener konnte der A3XX Start nicht sein, auch wenn die vier Airbus Partner über zusätzlich eigene Entwicklungsetats verfügten. Am Ende wurde ein Zwölf-Milliarden-Dollar-Projekt daraus. Es wurden damals 35 verschiedene Rumpfquerschnitte untersucht und vier verschiedene Konfigurationen für den Doppeldecker entworfen. Diese A3YY-Studie ist in der Öffentlichkeit kaum bekannt geworden und brachte die Entwickler immer wieder zu der Maxime 80x80 Meter zurück. „Das Mammut-Projekt drohte immer wieder nicht nur an politischen und finanziellen Querelen zu scheitern, sondern im Grunde wiederholte sich beim A380 Programm das Dilemma der Airbus-Gründerjahre: Die Visionäre und Pioniere mussten fürchten, an den Zweiflern zu scheitern. Ein drastisches Beispiel: 18 Monate vor dem endgültigen Launch war der A380 viel zu schwer geworden. „Wir hatten eine Gewichtsexplosion erlebt; in der Öffentlichkeit wurde das Projekt sogar in Frage gestellt". erzählt Jürgen Thomas. „Wir müssen nochmals 20 Tonnen rausholen. um auf unser definiertes Abfluggewicht zu kommen. Also mussten wieder neue Werkstoffe ran. Doch das ging natürlich sofort ins Geld." vgl. [A380,2005]

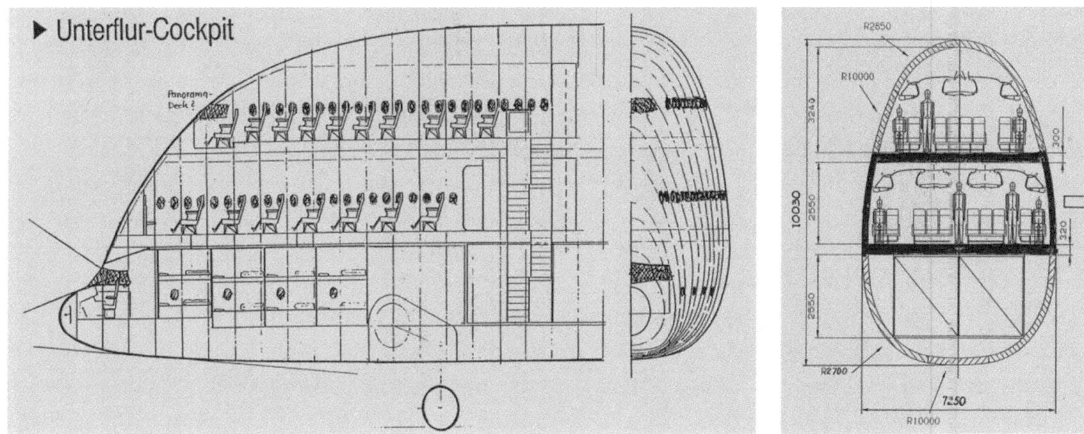

Abbildung 2.1.4. Die Idee des Unterflurcockpits wurde verworfen. Manch andere wurde in das A380-Projekt eingebracht, Quelle [A380, 2005]

2.1.5. Der Streit um den Standort

Große politische Differenzen und nationale Eitelkeiten, die sich am Ende zu einem großen Prestigekampf auswuchsen, kosteten viel Zeit und Geld. Von Anfang an war klar: Die dominierenden französischen Partner würden nie zulassen, dass die Endmontage nicht in Frankreich angesiedelt werden würde. Immerhin hatten sich mit Hamburg, Rostock, Toulouse und St. Nazaire gleich vier Städte beworben. „Rostock war allen Partnern ein zu großes Risiko, obwohl sich bekannte deutsche Politiker –allen voran die damalige CDU-Vorsitzende Angela Merkel, die sich schon aufgrund ihrer Mecklenburger Herkunft dieser Region verbunden fühlt – für die Ostseestadt stark gemacht hatten." vgl. [A380,2005] Obwohl Rostock 35% Fördermittel bekommen hätte und Rostock-Laage über einen großen Flugplatz verfügt hat der potenzielle Standort den Zuschlag nicht erhalten. Angeblich aufgrund von Mangel an qualifizierten Fachkräften und einer Lage zu weit im Abseits. „St. Nazaire kam für die führenden französischen Airbus-Manager nicht in Frage, weil ihnen in diesem führenden Werftzentrum Frankreichs die kommunistische Gewerkschaft zu einflussreich war." vgl. [A380,2005] Es lief alles auf das Duell Toulouse-Hamburg hinaus. Frankreichs Politik stand sowieso hinter Toulouse. In Deutschland suchte Manfred Bischoff Rückendeckung beim damaligen Bundeskanzler Gerhard Schröder. „Auch wenn sich alle Beteiligten darüber einig waren, dass eine Aufteilung der direkten Endmontagelinien auf zwei Orte unnötig viel Geld kosten würde. Dem französischen Ultimatum, ohne die Endfertigung in Toulouse würde es keinen Airbus A380 geben, stand jetzt die deutsche Forderung gegenüber: Hamburg müsse alternativ das Narrow-Body-Zentrum[3] werden." vgl.

[A380,2005] Die Fronten waren verhärtet. Aber am Ende unterschrieben der Franzose Jean-Luc Lagardere[4] und Manfred Bischoff das berühmte Protokoll, das nicht nur über die Zukunft des Airbus A380, sondern über die ganze Industrie entschied. "Der Weg war frei für das aufwändigste Projekt, das die europäische Luftfahrtindustie je gewagt hatte. Und die deutsche Seite hatte für Hamburg eine bemerkenswerte Garantie herausgeholt: Sollte die A320-Nachfrage jemals zurückgehen und sollten einmal Kapazitäten abgebaut werden müssen, würde das zunächst in Toulouse erfolgen." vgl. [A380,2005]

2.2   Die Produktion

Für die meisten US-Amerikaner ist der Airbus ein französisches Produkt, für viele Franzosen ist er das sowieso. In Deutschland, Großbritannien und Spanien betrachtet man Airbus etwas realistischer– nämlich als eine gelungene europäische Zusammenarbeit. Man sollte jedoch nicht außer Acht lassen dass ein beträchtlicher Teil von den Zulieferern aus aller Welt stammt. So verdienen auch viele US-Unternehmen inzwischen gut am Airbus-Erfolg, zumal das Hauptfahrwerk (Goodrich), Elektronikkomponenten (Honeywell, Rockwell Collins) oder Triebwerke (General Electric, Pratt & Whitney) hochwertige Baugruppen oder Systeme liefern.

2.2.1. Der A380: ein „Hightechpuzzle"

Die in aller Welt produzierten Einzelteile werden in mehreren Etappen in Europa zusammengesetzt. Einzelne größere Puzzlesegmente entstehen zunächst in den vier Airbus-Ländern Deutschland, Großbritannien, Spanien und Deutschland ehe sie zur Endmontage nach Toulouse gebracht werden. Diese Vorgehensweise hat sich seit dem Bau der ersten A300[5] bewährt. Das Werk im niedersächsischen Stade , wo die deutschen Verbundwerkstoffspezialisten bereits seit der A310-300 für den Bau des Seitenleitwerks aus kohlefaserverstärktem Kunststoff (CFK) verantwortlich sind, hat beginnend mit der A340-600 auch die Produktion des hinteren Druckschotts und der Landeklappenschalen übernommen. „Aus Norddeutschland stammen aber noch weitere A380-Großteile: So werden in Nordenham[6] an der Unterweser Rumpfschalen in weitgehend automatisierten Fertigungsprozessen hergestellt und das Airbus Werk in Bremen liefert schon traditionell die fertig montierten Landeklappen. In der Hansestadt werden zudem Aluminiumteile für den Rumpf produziert, ebenso wie in Varel[6], wo rund 4.500 verschiedene Einzelteile entstehen, die größtenteils nach Nordenham zur weiteren Montage geliefert werden. Dazu gehören beispielsweise Ringspanten, die als innerer „Rahmen" dem Rumpf seine Form geben." vgl. [A380,2005] An der A380-Teileproduktion sind aber nicht allein Airbus-Standorte beteiligt. Die Elbe-Flugzeugwerke (EFW) sowie das Militärflugzeugwerk in Augsburg, die beide zum Airbus-Mutterkonzern EADS gehören, liefern beispielsweise Bodenpaneele für Ober-, Haupt- und Unterdeck des vorderen Rumpfsegments und die innere Flügelvorderkante. „Damit aus vielen dieser einzelnen Puzzle teile bereits in Deutschland größere Elemente werden, wurde in Hamburg auf der Erweiterungsfläche Mühlenberger Loch die sogenannte MCA[7] -Halle errichtet." vgl. [A380,2005] Dort werden die einzelnen Rumpfschalen zu kompletten Rumpfsektionen und Rumpfabschnitten zusammengefügt.

[3]Narro Body Zentrum: Heimat der „kleinen Airbusse" A318, A319, A320, A321
[4] Jean-Luc Lagardere: ein einflussreicher französischer EADS Präsens
[5] A300: erster von Airbus entwickelter Flugzeugtyp
[6] Aus den Airbus Werken Nordenham, Varel und Augsburg wurde am 19.01.2009 das EADS Tochterunternehmen „Premium Aerotec" gegründet. vgl. [Prem09]
[7] MCA: Major Component Assembly – Hauptkomponentenzusammenbau

Außerdem wird ein Teil der oberen Rumpfschale von Sektion 15 (über den Tragflächen), welches dann zur Montage an das Werk im französischen St. Nazaire übergeben wird gefertigt. „Die einzelnen Sektionen werden im Übrigen nicht nur einfach zusammengebaut, sondern gleichzeitig mit den wichtigsten Flug- und Kabinensystemen ausgerüstet –beispielsweise mit den elektrischen und hydraulischen Leitungen, aber auch mit den Rohren der Klimaanlage und der Wasser- und Abwassersysteme, was erheblich dazu beiträgt, dass der eigentliche Zusammenbau das Flugzeuges in der Endmontage später gerade einmal eine Woche in Anspruch nimmt." vgl. [A380,2005] Die 2,30 Meter hohen Mini-Flügel an den Tragflächenenden (Wingtips) werden aus Faserverbundwerkstoffen hergestellt und von einem ausgewiesenen Spezialisten für dieses Material produziert. Das Unternehmen Hawker de Havilland stammt aus Australien und gehört zum Boeing-Konzern. So profitiert auch der große Airbus-Konkurrent ein wenig vom Erfolg des Airbus A380.

Abbildung 2.2.1.1. Hier in Stade werden seit vielen Jahren Bauteile aus Kohlefaserverbundwerkstoff (CFK), wie das hintere Druckschott oder das Seitenleitwerk, hergestellt. Quelle [A380, 2005]

Abbildung 2.2.1.2. Die im Werk Nordenham produzierten Rumpfschalen aus Glare werden anschließend in Hamburg Finkenwerder zum Ganzen Rumpfsegment weiterverarbeitet. Quelle [A380, 2005]

Abbildung 2.2.1.*3*.Schon in Hamburg wird die an der Elbe gefertigte und ausgerüstete Sektion 18 mit der aus Spanien stammenden und aus CFK gefertigten Sektion 19 (das Rumpfheck) zusammengefügt. Gemeinsam bilden sie eines der drei großen Segmente, aus denen in der Endmontage in Toulouse der Rumpf zusammengesetzt wird. Quelle [A380, 2005]

2.2.2. Ein Flügelpaar aus 32.000 Einzelteilen

Die spanischen Airbus-Werke sind spezialisiert auf die Fertigung von Bauteilen aus Kohlefaserverbundwerkstoffen. In Getafe (bei Madrid) wird die hintere Rumpfsektion 19, an der Höhen- und Seitenleitwerk angebracht werden, hergestellt. Außerdem wird dort die daran anschließende hintere Rumpfspitze, in der die APU[8] installiert wird, gefertigt. Hier entstehen zudem die Fahrwerksklappen und die ersten Fertigungsschritte des Höhenleitwerks, wobei einige Bauteile aus dem Werk in Illescas zugeliefert werden. Die Fertigstellung des Höhenleitwerks und der Einbau von Hydraulik, Elektrik und Treibstoffsystem erfolgen dann allerdings im andalusischen Puerto Real nahe der Hafenstadt Cadiz, wo auch die Verkleidung des Rumpf-Flügel-Übergangs sowie das zweiteilige Seitenruder entstehen. Im Wareneingang im walisischen Broughton treffen die etwa 32.000 Bauteile ein, aus denen ein Flügelpaar des A380 besteht. „Diese Bauteile und bereits vormontierte Komponenten werden in einem 83.500 Quadratmeter großen Gebäude zu kompletten Flügelkästen mit einer Länge von jeweils mehr als 45 Metern zusammengesetzt und mit den notwendigen Treibstoff-, Hydraulik- und Pneumatiksystemen sowie der elektrischen Verkabelung ausgerüstet. Großbritannien ist traditionell für die Airbus-Tragflächen zuständig. Daher werden in Broughton über die Montage hinaus auch die Stringer (Längsversteifungen) für die Flügelbeplankung sowie 18 der insgesamt 20 Bleche, aus denen sich die Beplankung zusammensetzt, hergestellt. Die beiden verbleibenden Bleche werden übrigens aus Korea zugeliefert." vgl.[A380,2005] Entwickelt wurden die Tragflächen im Werk Filton in der Nähe von Bristol. Dort werden die Flügelhinterkanten und ein großer Teil der Flügelrippen gefertigt.

[8]APU: Auxiliary Power Unit – Hilfsgasturbiene

Auch die Integration von Systemen und Komponenten sowie Tests finden hier statt. Im französischen Meaulte entstehen die Sektionen 11 und 12 (die Nase und das Cockpit) und die Fahrwerksschächte des Jumbos. Der Flügelmittelkasten wiederum stammt aus Nantes, die Pylone, an denen die vier Triebwerke aufgehängt werden, kommen aus dem Airbus-Werk St. Eloi in Toulouse. „Die wichtigste Rolle neben der Endmontage selbst kommt dem Standort St. Nazaire zu. Etwa 2.300 Mitarbeiter sind mit Zusammenbau und Ausrüstung des Vorderrumpfes (mit den aus Meaulte und Hamburg gelieferten Segmenten) sowie des zentralen Rumpfabschnitts, für den wiederum Hamburg und Meaulte sowie das Werk Nantes und der Partner Alenia aus Italien Komponenten zur Verfügung stellen, beschäftigt." vgl. [A380,2005]

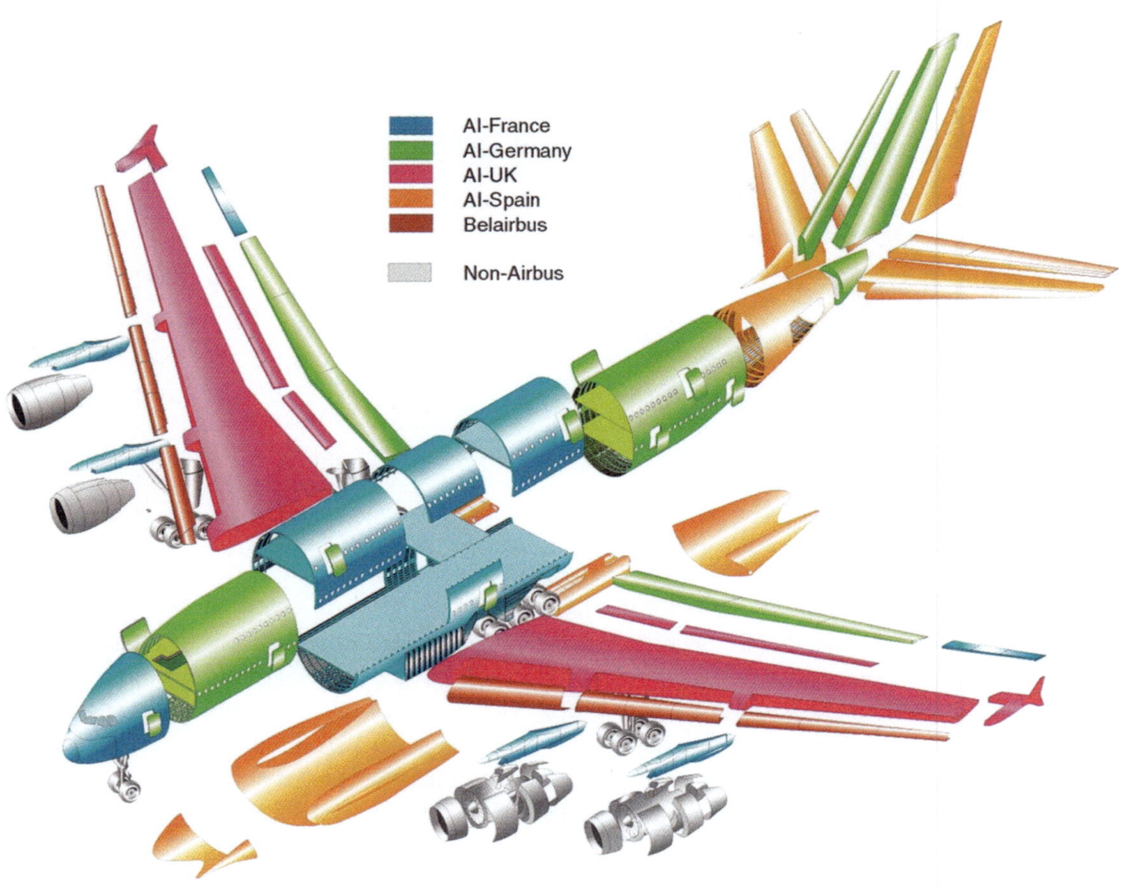

Abbildung 2.2.2.Die Fertigung ähnelt einem riesigen Puzzle, dessen Einzelteile aus aller Welt stammen. Auch wenn das Werk in Broughton die Flügelkästen liefert und Bremen die Landeklappen beisteuert, stammen viele Einzelteile der Baugruppen von Zulieferern die nicht zu Airbus gehören. Quelle [A380,2005]

2.2.3. Die Endmontage, Innenausstattung und Lackierung

Die Jean-Luc-Lagardere-Halle am Toulouser Flughafen Blagnac ist eine der größten ihrer Art weltweit. Diese Halle, der sogenannte FAL[9] , ist 500 Meter lang, 250 Meter breit und 46 Meter hoch. Sie wurde aus 32.000 Tonnen Stahl sowie 250000 Kubikmetern Beton errichtet. Alle Sektionen werden dort in der sogenannten Station 40 in speziell dafür vorgesehenen Vorrichtungen positioniert und anschließend von einer fünfstöckigen und 1200 Tonnen schweren Arbeitsplattform eingeschlossen. Zuerst werden die drei großen Rumpfsektionen miteinander verbunden, und dann die

[9]FAL: Final Assembly Line – Finale Montagestraße

beiden Tragflächen angebaut, welche mit mehr als 4000 Nieten befestigt werden. Danach folgt die Installation der Heckspitze, der Leitwerke und Ruder, das Fahrwerk sowie die Rumpf-Flügel-Verkleidung. Nun kann die Maschine auf eigenen Rädern zu einer der drei parallelen Stationen 30 rollen. Dort verbleibt das Flugzeug im Regelfall drei Wochen um die letzten Bauteile zu erhalten. Dazu gehören die vier Triebwerke und sämtliche Systeme. „Daran schließt sich eine umfassende Prüfung aller elektrischen und hydraulischen Systeme sowie der beweglichen Teile – Höhen- und Seitenruder, Klappen, Vorflügel, Spoiler – an. Zwar werden, wie bei allen Airbus-Programmen üblich, die einzelnen Sektionen bereits an den jeweiligen Produktionsstandorten getestet, aber mit den zusätzlichen Checks nach der Endmontage soll sichergestellt werden, dass alle diese Komponenten auch fehlerfrei zusammenarbeiten." vgl. [A380,2005] Anschließend erfolgt ein weiterer Test, bei dem der Kabinendruck weit über das im späteren Flugbetrieb zu erwartende Maß hinaus erhöht wird, um mögliche Undichtheiten zu entdecken. Die Kabinenausstattung und die Lackierung erfolgen in Hamburg Finkenwerder, in zwei eigens zu diesem Zweck errichteten Hallen. In der Ausstattungsmontage erhalten die Flugzeuge die Wand- und Deckenverkleidungen, die Beleuchtung, die Toiletten und die Bordküchen, sowie die von den Fluggesellschaften spezifizierte und zumeist auch direkt eingekaufte Bestuhlung und das heute unverzichtbare IFE[10]-System. In der Lackierhalle, die gleichzeitig Platz für zwei A380 bietet, wird der Flieger in Handarbeit, komplett lackiert und erhält die typischen Farben der betreffenden Airline. Dies dauert etwa 14 Tage. Dabei werden für die eigentliche Lackierung gerade einmal drei Tage benötigt, die restliche Zeit entfällt auf das Abdecken nicht zu lackierender Flächen und die Trocknung. Nun ist der „Gigant" fertig zur Auslieferung. Die Auslieferungen für Europa und den Mittleren Osten werden in Hamburg durchgeführt. Ansonsten steht ein Überführungsflug nach Toulouse ins dortige Auslieferungszentrum auf dem Programm.

Abbildung 2.2.3. In der Jean-Luc-Lagardere Halle (Station 40) wird aus den drei großen Rumpfsegmenten, den Tragflächen und den Leitwerken dann ein vollständiges Flugzeug. Quelle [A380,2005]

[10]IFE: In-Flight Entertainment – Bordunterhaltungssystem

2.2.4. Gewichtseinsparungen durch neue Werkstoffe

Die Zeiten, in denen ein Flugzeug größtenteils aus Aluminium bestand und an besonders belasteten Stellen der festere aber auch deutlich schwerere Stahl verwendet wurde, sind lange vorbei. Andererseits ist auch längst noch nicht der Zeitpunkt gekommen, an dem ein Flugzeug dieser Größe ausschließlich aus „Kunststoffen" besteht. Stärker als in jeder anderen Industrie spielt im Flugzeugbau das Gewicht eine entscheidende Rolle. Und mehr als einmal hat sich ein Hersteller für das in der Anschaffung teurere Material entschieden, wenn dadurch einige Kilogramm Gewicht und damit über das gesamte Flugzeugleben etliche Tonnen Treibstoff gespart werden können. Die Anforderungen an die Werkstoffeigenschaften an verschiedenen Stellen des Flugzeuges sind unterschiedlich. „So müssen im Bereich um die Cockpitscheiben sowie die Flügel- und Leitwerksvorderkanten besonders widerstandsfähig gegen Vogelschlag sein, eine Gefährdung die an der Rumpfseite naturgemäß keine große Rolle spielt. Hier sind vor allem Korrosionsbeständigkeit und eine hohe Festigkeit gegen statische Belastungen gefragt, während rund um die Türen ein langsames Risswachstum und eine große Restfestigkeit auch bei auftretenden Schäden von besonderer Bedeutung sind."vgl. [A380,2005] Wenn man die Triebwerke und Fahrwerke einmal außen vor lässt, besteht die A380 nur noch zu 61 Prozent aus dem klassischen Werkstoff Aluminium. Der Rest sind Metalle wie Stahl und Titan sowie Verbundwerkstoffe (Kohle- und Glasfaser, aber auch Aluminium-Kohlefaser-Verbindungen). Bei der A380 macht der Anteil der Kohlefaserverstärkten Kunststoffe (Deutsch: CFK, Englisch: CFRP) ca. 22 Prozent aus. Allein bei den Flügelmittelkästen zur Verbindung der Tragflächen mit dem Rumpf spart gegenüber der Verwendung der modernsten Aluminiumlegierungen etwa 1,5 Tonnen Gewicht. Weitere wichtige Elemente aus CFK sind das Seitenleitwerk, das Höhenleitwerk und -ruder, das hintere Druckschott, das komplette Rumpfheck, die Bodenträger des oberen Passagierdecks und die Hälfte der Flügelrippen. „Neben Verbundwerkstoffen basierend auf Kohlefasern, die im unlackierten Zustand durch ihre glatte schwarze Oberfläche auffallen, werden auch solche mit Quarz- und Glasfaserverstärkung verbaut, erstere an der Flugzeugspitze , dem Radom, weil das für Radarstrahlen „durchsichtig" sein muss, letztere für nicht tragbare blitzschlaggefährdete Bauteile wie die Tragflächenvorderkante." vgl.[A380,2005] Ein weiterer Verbundwerkstoff ist äußerlich von Aluminium nicht zu unterscheiden, denn Glare besteht aus aufeinander folgenden Lagen von 0,3 bis 0,5 Millimeter dickem Aluminium und in einem Kleber (Harz) eingebetteten Glasfasern mit einer Schichtdicke von 0,125 Millimeter. Glare kommt fast für die komplette obere Rumpfschale – mit Ausnahme des Bereiches direkt über den Tragflächen – sowie an den Leitwerksvorderkanten zum Einsatz. Die Eigenschaften dieses Werkstoffes lassen sich durch die Dicke und Anzahl der Aluminiumlagen sowie durch die Wahl der Faserrichtungen beeinflussen. Weitere Vorteile sind ein geringer Rissfortschritt und eine hohe Restfestigkeit bei auftretenden Beschädigungen. Außerdem ist es weniger korrosionsanfällig, da die Faserschicht das Durchdringen von Feuchtigkeit blockiert. Es lässt sich aber ebenso einfach reparieren wie Aluminium. „Nicht ganz so hoch wie der Glare-Anteil an der A380 ist der eines weiteren Werkstoffes, der aufgrund seiner Zusammensetzung Gewicht sparen hilft. „Al-Li (Aluminium-Lithium) zeichnet sich dadurch aus, dass für jedes Prozent Lithium, das in die Legierung eingebracht wird, die Dichte des Material hergestellten Bauteils – um drei Prozent sinkt. Gleichzeitig nimmt der sogenannte Widerstand, den er einer Verformung entgegensetzt, um fünf Prozent zu." vgl.[A380,2005]. Die Bodenträger für das Hauptdeck und die Sitzschienen sind aus diesem Material gefertigt. Aber auch bei den Metallwerkstoffen ist die Zeit nicht stehen geblieben. So werden bestimmte Aluminiumlegierungen unter Berücksichtigung der auftretenden Belastungen gezielt ausgewählt. „Während beispielsweise auf der Flügelunterseite eine gewisse Toleranz gegen Beschädigung (hohe Restfestigkeit, geringerer Rissfortschritt) verlangt wird, ist auf der Oberseite im rumpfnahen Bereich eher die Ermüdungsfestigkeit von Bedeutung, wohingegen zur Flügelspitze hin vor allem die Stabilität des Materials gefragt ist." vgl.[A380,2005] Neu ist auch eine Vielzahl von neuen Titanlegierungen, die zum Beispiel bei Triebwerken und Fahrwerk zum Einsatz kommen und dafür billigere aber schwerere Stahlwerkstoffe ersetzen. Zu den bedeutendsten Veränderungen, die

Airbus beim A380 vorgenommen hat gehört die Erhöhung des Drucks im Hydrauliksystem von 3000 auf 5000 psi[11].Da der Druck definiert ist als Kraft pro Fläche, lässt sich eine bestimmte Kraft, beispielsweise zum Bewegen eines Ruders, mit einem geringeren Leitungsquerschnitt realisieren. Diese Veränderung bringt eine Gewichtsersparnis von 1200 Kilogramm. „Leichter wurde das Flugzeug zudem durch die Umstellung des Flugsteuerungssystems von drei hydraulischen auf nunmehr zwei hydraulische und zwei elektrische Kreise, die allesamt völlig unabhängig voneinander arbeiten, was zusätzlich einen Sicherheitsgewinn mit sich bringt. Zwei Kreise verfügen über ein herkömmliches Hydrauliksystem mit durch Rumpf und Tragflächen zu den Steuerflächen (Ruder, Spoiler, Klappen) verlaufenden Leitungen, während die beiden anderen Kreise kleine lokale elektrohydraulische Stellantriebe direkt an den Steuerflächen aufweisen, die über elektrische Signale angesteuert werden. Das Flugzeug lässt sich mit jeder dieser vier Systeme vollständig steuern, so dass selbst bei einem Komplettausfall der Hydraulik die Flugfähigkeit sichergestellt ist.

Abbildung 2.2.4. Die A380-Struktur besteht zu 22 Prozent aus Kohle- und Glasfaserverbundstoffen. Eine

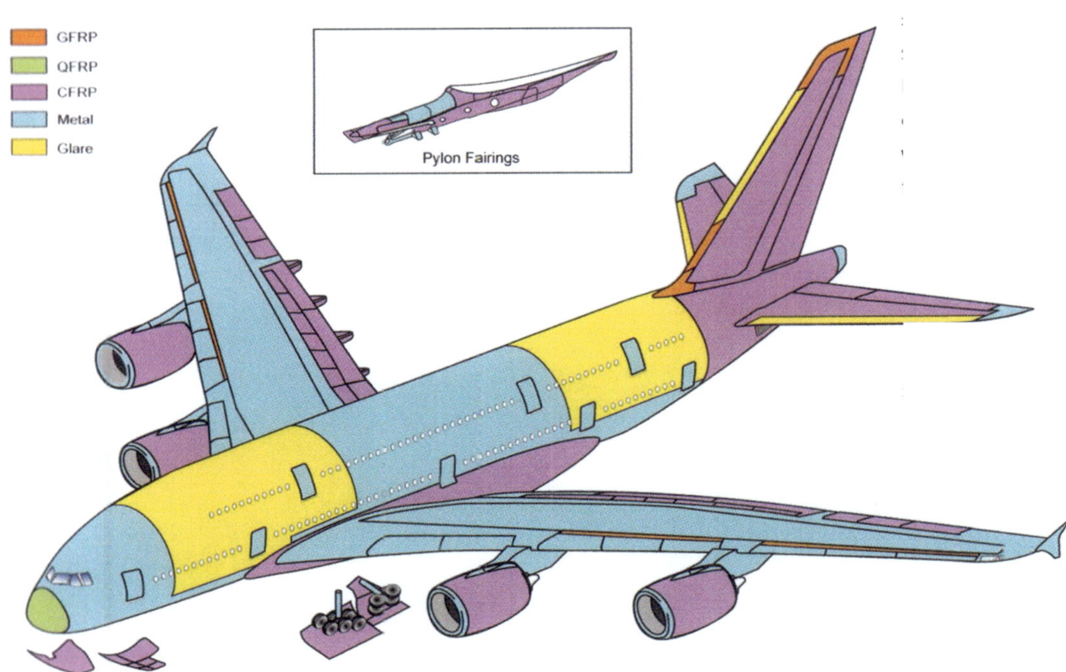

wichtige Rolle spielt auch Glare mit 3 Prozent Anteil. Quelle [A380,2005]

2.3 Die Zulassung und Erprobung

Da keine Luftfahrtbehörde (EASA und FAA) der Welt ein neues Flugzeug allein aufgrund einer rein virtuellen „Erprobung" zulassen[12] würde, sind umfangreiche Tests erforderlich. Aus diesem Grund sind die ersten vier Maschinen Testflugzeuge, wobei jede einzelne unterschiedliche Aufgaben zu erfüllen hat und dementsprechend mehr oder weniger umfassend instrumentiert wurde.

[11]pounds per squere inch – Pfund pro Quadratzoll (5000 psi entsprechen 344 bar)
[12]Die A380 hat am 12. Dezember 2006 die Musterzulassung erhalten vgl. [AirbusNews, Dez2006]

2.3.1. Nachweis der Flugeigenschaften und Leistungsparameter

Die beiden ersten A380 mit den Seriennummern MSN001 und MSN004 tragen mit jeweils etwa 600 Stunden die Hauptlast der Flugerprobung. Sie wurden dafür mit Mess- und Überwachungsgerätschaften mit einem Gewicht von ca. 20 Tonnen und 335 Kilometern Kabel ausgestattet. „Eingebaut sind neben vier Arbeitsplätzen (je zwei auf dem Haupt- und Oberdeck) für Flugingenieure beispielsweise 25 Ballasttanks, die nach Bedarf mit Wasser/Glykol gefüllt werden können, um unterschiedliche Fluggewichte oder Schwerpunktlagen zu realisieren." vgl. [A380,2005] In der ersten Phase werden die Grundeigenschaften wie Aerodynamik, Bodeneffekt (lässt sich im Simulator nur sehr ungenau vorhersagen), Systeme, Triebwerke und Autopilot überprüft. Dabei lernen die Piloten das Flugzeug so kennen wie es wirklich ist und nicht wie es Computer- und Windkanaldaten vorhergesagt hatten. Primäres Ziel dieser zweimonatigen Tests ist es, den gesamten Betriebsbereich (minimale und maximale Geschwindigkeiten, Flughöhe, Anstellwinkel) freizugeben. „Die Besatzungen bewegen das Flugzeug im kompletten Geschwindigkeitsbereich vor der Stall-Grenze, bei der ein Strömungsabriss auftritt, bis zur maximalen Machzahl; und das in allen möglichen Klappenstellungen und Schwerpunktlagen. Auch die für den Liniendienst vorgesehene maximale Flughöhe von 43.000 Fuß (13.100 Meter) wurde schon erreicht. Die daraus gewonnenen Erfahrungen werden dann genutzt, um die Flugsteuerungsgesetze zu optimieren." vgl. [A380,2005] Außerdem werden Flattertests durchgeführt, bei denen das Dämpfungsverhalten und die elastische Verformung des Flugzeuges untersucht werden. Die MSN001 wurde auch für den spektakulärsten Punkt eines jeden Zulassungsprogramms genutzt, der Ermittlung der geringsten Abhebegeschwindigkeit bei maximalem Anstellwinkel. Hierbei sprühen Funken, weil das mit einem Abriebschutz ausgestattete Heck dabei über die Startbahn schleift. Auch der Hochenergiebremsversuch bei Startgeschwindigkeit und maximalen Abfluggewicht, der praktisch immer mit qualmendem und gelegentlich sogar brennenden Bremsen und meist drucklosen Reifen endet, wird mit dieser Maschine durchgeführt.

Abbildung 2.3.1.Etwa 335 Kilometer Kabel wurden in der MSN001 verlegt, um die unzähligen Messsensoren mit den Computern der Flugingenieure zu verbinden. Quelle [A380,2005]

Die MSN 004 hat jedoch am meisten auszuhalten. Sie ist für die Ermittlung des exakten Triebwerksschubs und des Treibstoffverbrauchs vorgesehen. Dazu sind Dauerläufe mit exakt kalibrierten Triebwerken bei maximalem Schub, sowie unzählige Starts und Landungen in verschiedenen Konfigurationen notwendig. Um sicherzustellen, dass die Treibstoff- und Hydraulikpumpen auch bei negativer G-Belastung nicht trocken liegen, werden Bremstests und

Parabelflüge durchgeführt. „Zu den Pflichten der MSN 004 gehören zudem die „Hot & High"-Tests, Flüge von und zu hoch gelegenen und heißen Plätzen. In die erste Kategorie fallen beispielsweise die Flughäfen von La Paz in Bolivien auf 4.054 Metern und von Bogota in Kolumbien auf 2.530 Metern."vgl. [A380,2005] Die Kältetests fanden in Sibirien oder in Nunavut im nördlichen Kanada statt. Zehn Wochen vor dem Zertifizierungstermin beginnen die abschließenden Tests, wie z.B. Flüge mit nur drei Triebwerken oder Landung bei Seitenwind. In dieser Zeit werden aber auch die aktuelle Software zur Triebwerksregulierung, der Autopilot und die Flugsteuerung („Fly by Wire") im Rahmen eines Flugprogrammes erprobt. Das Programm hat gezeigt, dass die A380 bei niedrigsten Betriebskosten für sehr geringe Emissionswerte sorgt. „Als variabler „Umweltchampion" ist die A380 leiser als jedes andere Verkehrsflugzeug und erfüllt auch die strengen Lärmschutzbestimmungen des Flughafens London-Heathrow, während sie sich im Inneren durch die leiseste Kabine am Himmel und ihren überaus ruhigen Flug auszeichnet. Alle Piloten, die das Flugzeug bisher geflogen haben, sind von seinen hervorragenden Flugeigenschaften begeistert."vgl.[AirbusNews,Dez2006]

Abbildung 2.3.1.1.In diesen Tanks (auf Haupt und Oberdeck) befindet sich ein Gemisch aus Wasser und Glykol. Sie dient zur Simulation verschiedener Belastungszustände und kann durch Umpumpen die Schwerpunktlage des Flugzeuges verändern. Quelle [A380,2005]

2.3.2. Die Passagier- und Kabinentests

Anders als die ersten beiden Flugzeuge werden die MSN002 und MSN007 unmittelbar nach ihrem Jungfernflug nach Hamburg überführt, um dort die Kabinenausstattung zu erhalten. In der MSN002 wurde eine Kabine mit zwischen 510 und 520 Sitzen installiert. Mit ihr wurde, in etwa 500 Flugstunden und vier Langstreckenflügen von bis zu 15 Stunden Dauer, die Überprüfung und Zulassung wichtiger Kabinenkomponenten wie Klimaanlage und eines der beiden IFE-Systeme erbracht. Auch die Ermittlung des Lärmpegels wurde bei diesen Flügen durchgeführt. „Bevor die MSN007 als letztes der vier Testflugzeuge in die Flugerprobung einstieg, steht in Hamburg Finkenwerder ein ganz wichtiger Programmpunkt an, für den die Kabine kurzzeitig mit der größtmöglichen Zahl von 853 Sitzplätzen ausgerüstet wird: die Evakuierungstests bei maximaler Passagierkapazität."vgl.[A380,2005] Es sind bei dem erfolgreichen Test im März 2006 alle 853 Passagiere plus 20 Besatzungsmitglieder in 90 Sekunden aus der Maschine gerutscht. Anschließend geht die MSN007 mit dem zweiten möglichen IFE-System auf die sogenannten „Route Proving-

Flüge", bei denen das Flugzeug die später die beim Liniendienst beflogenen Strecken absolviert und die für die A380 vorgesehenen Flughäfen besucht.

2.3.3. Die Zulassung des zweiten Triebwerkstyps

Während die ersten vier Maschinen mit den Trent 900 Triebwerken von Rolls-Royce ausgestattet sind ist das Flugzeug mit der Seriennummer MSN009 mit dem Alternativantrieb GP7200 der Engine Alliance (General Electric und Pratt & Whitney) versehen. Nun werden in 600 Stunden die Systeme für Schnittstellen zwischen Triebwerk und Flugzeug wie Hydraulik, Treibstoff, Autopilot und Cockpitinstrumente geprüft. Wiederholt werden müssen auch die „Hot-and High-Flüge", die Messungen von Schub und Treibstoffverbrauch und die Ermittlung der minimaler Abfluggeschwindigkeit bei maximalen Anstellwinkel.

2.3.4. Statiktest und Ermüdungsversuche

„Für die statischen Tests wird sogar das erste überhaupt produzierte Exemplar des neuen Super-Jumbos genutzt – allerdings in einem nicht flugfähigen Zustand. Diese A380 mit der „Seriennummer" MSN5000 oder auch ES-Test („ES" steht für „essai statique" – Statiktest; die echten Seriennummern ab MSN001 wurden nur den fliegenden Exemplaren zugeteilt) besitzt die komplette primäre Rumpfstruktur mit Ausnahme des Radoms („Nasenspitze"), der Verkleidung des Rumpf- Flügel-Übergangs und der Fahrwerksklappen."vgl. [A380,2005] Es fehlen auch das abschließende Rumpfsegment, Höhen- und Seitenleitwerk sowie die durch Dummys ersetzten Triebwerke und Fahrwerke. In der 10000 Quadratmeter großen Testhalle in Toulouse ist eine riesige Testzelle mit mehr als 300 Hydraulikzylindern und rund 2800 Belastungspunkten installiert. Die statischen Belastungstests vom 4. November 2004 dienen zur Verifizierung der Computerberechnungen und dem Nachweis, dass die Auftriebshilfen (Klappen und Vorflügel) auch bei durchgebogenen Tragflächen noch funktionieren. Weiterhin wurde bewiesen, dass der A380 die so genannte „sichere Last" („limit load", die größte während des Flugzeuglebens erwartete Belastung, von etwa 2,5 g) ohne bleibende Verformung erträgt und dieser Belastung auch dann standhält, wenn die Struktur durch vorsätzlich eingebrachte Beschädigungen geschwächt wird.

Abbildung 2.3.4.Am 3.2.2005 fanden in Toulouse der Test zur max. Flügelverformung statt. Quelle [A380,2005]

Ebenfalls wurde die max. Flügelverformung bei sicherer Last ermittelt. Dabei bogen sich die Flügel um etwa 5 Meter an den Flügelspitzen nach oben. Bis zur Zulassung wurde die Teststruktur noch auf die max. Rumpfdurchbiegung mit und ohne Kabinendruck geprüft. Nach der Zulassung finden die beiden spektakulärsten Tests statt: die maximale Durchbiegung von Rumpf und Tragflächen bis zum Bruch. Unter Ermüdungstests versteht man die Untersuchung, wie das Flugzeug die Dauerbelastung durch Starts, Landungen, Turbulenzen und ständig wechselnde Unterschiede zwischen Kabinen und Außendruck verkraftet. Dafür ist traditionell die 1961 gegründete Industrieanlage Betriebsgesellschaft mbH (IABG) mit Sitz in Ottobrunn bei München verantwortlich. Die Tests fanden allerdings in Kooperation mit IMA Materialforschung und Anwendungstechnik GmbH in Dresden statt. Für die Ermüdungsversuche wird die Primärstruktur mit der Seriennummer MSN5001 oder EF für „essai fatigue" verwendet, und welche in Dresden zusammengebaut wird. Im September und Oktober 2004 sorgte der Transport der Bauteile über die Elbe von Hamburg in die sächsische Elbmetropole für Aufsehen. In den folgenden Wochen wurde die Endmontage praktisch nach Dresden verlegt und es wurden 100 Mitarbeiter und insgesamt 26 Lastwagen Material und Vorrichtungen von Toulouse nach Dresden entsandt. vgl. [A380,2005] & [One,2004] Ende Dezember 2004 war die Testzelle fertiggestellt und konnte am 2. Mai 2005 in Betrieb genommen werden. 182 Hydraulikzylinder sorgen dafür, dass ein komplettes Flugzeugleben durchgespielt werden kann. 7200 Sonden messen Dehnung, Verformungen, Drücke und Temperaturen. Die Belastungen werden 10 Prozent höher angesetzt als im wirklichen Flugzeugleben und man fasst die Belastungsspitzen eines Langstreckenfluges von 10-15 Stunden auf 40 Minuten Dauer zusammen. Etwa 900 simulierte Flüge lassen sich so in einer Woche durchführen und man kann ein Flugzeugleben (20-25 Jahre) inklusive Inspektionen in 26 Monaten abwickeln.

Abbildung 2.3.4. Einer der 182 Hydraulikzylinder aus Dresden. Quelle [A380,2005]

Auch wenn die beiden für die Strukturtests verwendeten A380 niemals den Boden verlassen werden sind sie doch ebenso wichtig wie ihre vier fliegenden „Kollegen", denn ohne Nachweise der strukturellen Festigkeit würde keine Luftfahrtbehörde der Welt eine Zulassung erteilen. Der Rumpf der MSN5000 wurde am 10. Dezember 2007 zum Recycling an das Flugzeugverwertungswerk Tarmac Aerosave überführt. vgl.[One1,2008]

4 Weiterentwicklung, Verbesserungen und Ausblick

Die Entwicklung bzw. Verbesserung des Airbus A380 ist bis heute nicht abgeschlossen, weil es immer wieder neue Möglichkeiten gibt, Gewichtsreduzierungen und Weiterentwicklungen in Technik und Produktion zu implementieren. So hat die Wave 2 im August 2007 bereits einen CFK-Anteil von 25 Prozent (vorher 22 Prozent) und es wurde im Oktober 2008 eine neue Verklebungstechnik in der Produktion des Seitenleitwerks eingeführt. Die Wave 3 ist bereits in der Entwicklung und man darf gespannt sein, welche Neuerungen diese mit sich bringen wird. Außerdem gibt es Tests mit alternativen ökoeffizienten Kraftstoffen, um den CO2-Ausstoß zu reduzieren. vgl. [One2,2008] Zwei der letzten Meilensteine in der Entwicklung des Flugzeuges waren die Zulassung des „Brake-To-Vacate" (BTV) und „Runway Overrun Warning and Prevention"[1]-System im Oktober 2009 sowie die Vergabe der Musterzulassung der CAAC (Chinesische Zivilluftfahrtbehörde) im Dezember 2009. vgl. [AirbusNews,Okt2009] & [AirbusNews,Dez2009]. Es wurden bereits über 380 Patente und Technologien angemeldet, welche in der Nutzungsphase stets weiter verbessert werden. Ein Großteil selbiger ist schon in die neuen Flugzeugprogramme wie z.B. die A350 XWB und die A30X eingeflossen. Innovationen waren schon immer das Markenzeichen von Airbus und die A380 wird mit Sicherheit neue Maßstäbe für das 21. Jahrhundert setzen. vgl.[AirbusNews,Aug2007] & [One4,2008]

---

[13] Auf die Funktion dieser Systeme soll an dieser Stelle nicht eingegangen werden.

5   Abbildungsverzeichnis

6 Literaturverzeichnis

[A380,2005] Figgen, A., Morgenstern, K., & Plath, D. A380. München: Gera Mond-Verlag, 2005.

[Focus09] URL http://www.focus.de, Aufruf am 23.12.2009.

[Prem09] URL http://www.premium-aerotec.com, Aufruf: 07.01.2010.

[Focus10] URL http://www.focus.de, Aufruf am 19.01.2010.

[AirbusNews,Dez2006] Airbus A380 Erhält Gemeinsame Musterzulassung Durch EASA und FAA. Blagnac France: Airbus Press Office, 2006.

[AirbusNews,Aug2007] Mehr Als 380 Patente für die A380. Blagnac France: Press Office, 2007.

[AirbusNews,Okt2009] EADS certifies "Brake TO Vacate" (BTV) and "Runway Overrun Warning & Prevention" (ROW/ROP) systems on the A380. Blagnac France: Press Office, 2009.

[AirbusNews,Dez2009] Airbus A380 erhält CAAC-Musterzulassung. Blagnac Fr.: Press Office, 2009.

[One,2004] Andersen, S. Wenn Riesen Rümpfe reisen. Hamburg: One Magazine 4, 2004.

[One1,2008] Tarmac Aerosave für alternde Flugzeuge. Hamburg: One Magazine 1, 2008.

[One2,2008] A380 fliegt mit alternativem Kraftstoff, denn Airbus ist wegweisend in der Umweltforschung. Hamburg: One Magazine 2, 2008

[One4,2008] Neues Fügeverfahren bringt Einsparungen bei A380. Hamburg: One Magazine 4, 2008.

Jan Jung-König

Nanoskalige Carbonat-Hohlkugeln mit Containerfunktionalität für medizinische Anwendungen

disserta Verlag

Jung-König, Jan: Nanoskalige Carbonat-Hohlkugeln mit Containerfunktionalität für medizinische Anwendungen, Hamburg, disserta Verlag, 2016

Buch-ISBN: 978-3-95935-334-2
PDF-eBook-ISBN: 978-3-95935-335-9
Druck/Herstellung: disserta Verlag, Hamburg, 2016
Covergestaltung: © Jan Jung-König

Angenommene Dissertation der Fakultät für Chemie und Biowissenschaften
der Universität Karlsruhe (TH)
Tag der mündlichen Prüfung: 22.04.2016

Bibliografische Information der Deutschen Nationalbibliothek:
Die Deutsche Nationalbibliothek verzeichnet diese Publikation in der Deutschen
Nationalbibliografie; detaillierte bibliografische Daten sind im Internet über
http://dnb.d-nb.de abrufbar.

© disserta Verlag, Imprint der Diplomica Verlag GmbH
Hermannstal 119k, 22119 Hamburg
http://www.disserta-verlag.de, Hamburg 2016
Printed in Germany

Nanoskalige Carbonat-Hohlkugeln mit Containerfunktionalität für medizinische Anwendungen

Zur Erlangung des akademischen Grades eines

DOKTORS DER NATURWISSENSCHAFTEN

(Dr. rer. nat.)

Fakultät für Chemie und Biowissenschaften

Karlsruher Institut für Technologie (KIT)

genehmigte

DISSERTATION

von

Jan Jung-König

aus

Heidelberg

KIT-Dekan: Prof. Dr. Willem Klopper

Referent: Prof. Dr. Claus Feldmann

Korreferentin: Prof. Dr. Ute Schepers

Tag der mündlichen Prüfung: 22.04.2016

Danksagung

An dieser Stelle drücke ich allen Menschen meinen Dank aus, die mich begleitet haben. Oliver Bläß, meinem Chemielehrer, der schon immer für mich gebangt und gehofft hat, kann ich sagen, dass ich es bis hierher geschafft habe. Danke Leonie, dass du an mich geglaubt hast. Meine Kameraden von der freiwilligen Feuerwehr sehen mich jetzt hoffentlich wieder häufiger.

Für die spannende Aufgabenstellung, intensive Untertützung und konstruktive Gespräche danke ich meinem Doktorvater, Prof. Dr. Claus Feldmann. Ich habe hervorragende Arbeitsbedingungen vorgefunden und eine sehr gute Zeit verbracht. Silke, vielen Dank, du hast immer auf uns Acht gegeben, so dass unsere Wünsche und Sorgen auch oben angekommen sind.

Mein Dank gilt allen Korrekturlesern, allen voran meiner Mutter, die mir schon seit der 5. Klasse zu erklären versucht, dass das Schreiben der Kommunikation mit Anderen dient und nicht nur in meinem Kopf Sinn ergeben muss. Marieke, danke für die viele Zeit, die wir miteinander verbracht haben. Danke den vielen Unterstützern aus dem Arbeitskreis für Messungen und Diskussionen.

Besonderer Dank geht an die Kooperationspartner für Transmissionselektronenmikroskopie, Dr. Radian Popescu im Arbeitskreis von Prof. Dr. Dagmar Gerthsen, für *in vitro* Untersuchungen an Zellen, Dr. Carmen Seidl im Arbeitskreis von Prof. Dr. Ute Schepers und für magnetische Wechselfeldmessungen in Zellen, Prof. Dr. Ingrid Hilger.

Danken möchte ich auch dem Werkstattteam, dem Glasbläser und dem Elektriker für die praktische Umsetzung meiner Aufträge, dem Team der Chemikalienausgabe um Gabi Leichle, Lena und Felix sowie Jens Treptow, der im Arbeitskreis all das erledigt, was keiner sieht, niemand macht, und dem ich mit meinen Ideen in der IT noch mehr Arbeit gemacht habe. Danke an dieser Stelle meinem Vater, der mir schon in frühen Jahren erklärt hat, was ein Grader ist, sodass ich Fachwörter für meine Aufträge parat und gelernt habe, wie man etwas baut.

Für die Hilfe im Labor muss ich mich sehr bedanken bei Jasmin Raupp als Vertieferin und HiWi, Marc Rutschmann, der im Rahmen seiner Bachelorarbeit tätig war und meinem Auszubildenden Fabio Vilardo.

Der letzte Verteidiger der Alten im Arbeitskreis dankt seinen Mitstreitern auf der dunklen und der hellen Seite.

„Lilli, danke für die tolle Atmosphäre im Labor."

Inhaltsverzeichnis

1 Einleitung

Die schnelle Entwicklung der Nanotechnologie rechtfertigt es, sie als Schlüsseltechnologie des 21. Jahrhunderts zu bezeichnen. Neben zunehmenden Forschungsaktivitäten[1] gibt es schon über tausend Konsumgüter[2], die auf Nanotechnologie basieren, zum Beispiel Beschichtungen für Autoscheiben oder Gleitmaterialien für Skier und Kugellager.[3] Für das Jahr 2020 sagen Marktforscher ein Wachstum von 19% der nanotechnologisch optimieren Güterproduktion voraus. Etwa 15% der weltweiten Güterproduktion werden dann auf Nanotechnologie basieren.[4]

Neue ungeheure Eigenschaften und die wundervollen Fähigkeiten der Nanotechnologie und ihrer Produkte werden von Science Fiction-Autoren seit Jahrzehnten zu Universen in vordergründig perfekten Welten und unkontrollierbaren Weltuntergangsszenarien beschrieben. In „Prey" schreibt *Michael Crichton* über intelligente Nanoroboter, die Tiere nachahmen können.[5] Bisher fehlen der realen Umsetzung dieser Szenaren zwei entscheidende Punkte. Es fehlt ein neuronales Netzwerk, das eine künstliche Intelligenz mit ausreichender Leistung bereitstellt, wobei dabei 2015 wesentliche Forstschritte, zum Beispiel im Go-Spiel, erzielt wurden.[6] Und es fehlt eine ausreichend flexible und leistungsfähige Energiequelle (*Energy Harvesting*). Bezeichnenderweise macht die Nanotechnologie gerade bei der effizienten Energieumwandlung große Fortschritte, beispielsweise bei organischen Solarzellen.[7]

Die Nanotechnologie befasst sich mit Strukturen, die kleiner als 100 nm sind. Der Durchmesser einer Leberzelle beträgt etwa 25.000 nm,[8] ihre Doppelmembran ist 15 nm dick, die nanoskaligen Hohlkugeln dieser Arbeit sind ca. 30 nm groß. Die Grundlage zur Untersuchung von Nanostrukturen liefert die Elektronenmikroskopie, die seit 1938 kommerziell verfügbar ist.[9-10] Als Vordenker der Nanotechnologie gilt der Physiker Richard Feynman. In seinem Vortrag „There's plenty of room at the bottom" erklärt er seine Vorstellungen zur Strukturierung von Materie auf atomarer Längenskala.[11] Kim Eric Drexler prägte in den 1980er Jahren den Begriff „Nano".[12] Bedingt durch das kleine Volumen der Partikel und der damit einhergehenden relativ vergrößerten Oberfläche haben Nanomaterialien völlig neue makroskopische Eigenschaften, so ändern sich zum Beispiel im Vergleich zum Volumenmaterial Schmelzpunkt und Wärmeleitfähigkeit. Bedingt durch die geringe Größe der Strukturen greifen die Gesetze der Quantenphysik, was zu neuen magnetischen, optischen und elektronischen Eigenschaften führen kann.

Die aktuell wichtigsten Anwendungen der Nanotechnologie sind elektronische Bausteine in der Kommunikationstechnologie, dabei werden über lithographische Verfahren elektronische Schaltungen mit einer Größe von unter 100 nm hergestellt, sowie Katalysatoren in der chemischen Industrie.[13] Zukunftsträchtige Bereiche sind multifunktionale Baustoffe, die katalytische, elektronische oder optisch steuerbare Eigenschaften breit verfügbar machen. Wichtige Ziele sind die Senkung des Energieverbrauchs durch Optimierung von Solarzellbauteilen, Energiespeichern und Dämmmaterialien sowie Gewinnung und Regeneration von Wasser, Luft und Boden durch Einsatz von Katalysatoren, Filtern und Membranen.[14]

Auch in anderen Bereichen gewinnt die Nanotechnologie an Bedeutung. Obwohl ihre Entwicklung erst begonnen hat, wird die Nanotechnologie in der Medizin und Medizintechnik immer wichtiger. In der Labormedizin ist die Miniaturisierung schon angekommen; Lab-on-a-Chip ermöglicht eine auf Chipgröße geschrumpfte Analyse- und Diagnosetechnik. Mikrooptiken für Endoskope erlangen durch die Nanotechnologie herausragende Produkteigenschaften. Die pharmazeutische Forschung konzentrierte sich im 20. Jahrhundert auf die erfolgreiche Suche nach neuen Wirkstoffmolekülen und das Verständnis der direkten Wechselwirkungen mit den Zielrezeptoren. Das zunehmende Verständnis für den Aufnahmeweg und den Transport der Wirkstoffmoleküle lässt im 21. Jahrhundert die Suche nach effizientem Wirkstofftransport, genauer Analytik und zielspezifischer Freisetzung in den Vordergrund treten. Durch reduzierten Materialeinsatz lassen sich Nebenwirkungen im Körper und in der Umwelt verringern.

Nanomaterialien werden mit grundsätzlich unterschiedlichen Verfahren hergestellt. Neben Aufmahlprozessen, insbesondere in der Zementindustrie,[15] werden in nasschemischen Verfahren Partikel aus Lösungen auskristallisiert. Ausgangsmaterialien für Keramiken werden auf diese Weise hergestellt.[16] Eine breit anwendbare Synthesemethode zur Herstellung von Nanopartikeln ist die Mikroemulsionsmethode. Mikroemulsionen sind thermodynamisch stabile Mischungen zweier Phasen, die über Tenside stabilisiert sind. Sie erlauben durch die Verwendung nanoskaliger Tröpfchen als „Nanoreaktor" die Synthese nanoskaliger Materialien in der für Chemiker gewohnten nasschemischen Umgebung. Die für eine Mikroemulsion notwenigen Tenside stabilisieren die Partikel direkt bei der Synthese und vereinfachen damit die Synthese nanoskaliger Partikel. Ein hoher Tensid- und Lösungsmittelverbrauch begrenzt jedoch das Upscaling dieser Synthese. Die Mikroemulsionsmethode erlaubt je nach Wahl der Mikroemulsionssysteme einen sehr weiten Synthesebereich und liefert damit eine große Bandbreite zugänglicher Materialien für die Forschung.[17-18]

Besonders interessant sind Partikel, die einen inneren Hohlraum, eine Kavität, aufweisen und so als Wirkstoffvehikel dienen können, da ein wichtiges Ziel der Medizin die Minimierung von Nebenwirkungen ist. Nanoskalige Hohlkugeln sind ein Forschungsfeld, das aufwändige Analytik und besondere Prozesskontrolle bei der Synthese benötigt. In der Literatur werden hauptsächlich modifizierte Gold-Hohlkugeln untersucht und für die Verwendung in der Medizin und der Photonik oberflächenmodifiziert. Die meisten Containersysteme für die Medizin basieren auf organischen Liposomen.[9-21] Die Verwendung anorganischer Hohlkugeln bietet weitere Möglichkeiten des effizienten Wirkstoffeinschlusses. Die Containerfunktionalität ermöglicht den Transport, die selektive oder zielgerichtete Freisetzung zur Erhöhung der Bioverfügbarkeit der Wirkstoffe und deren Maskierung im Körper.[21] Außerdem sind die Wirkstoffe bis zur Freisetzung von äußeren Einflüssen isoliert. Die Erweiterung in den Bereich der Diagnose durch Verwendung magnetischer oder photonisch wechselwirkender Materialien ist möglich.[22-23]

In dieser Arbeit werden neue nanoskalige Hohlkugeln aus Gadoliniumcarbonat und Magnesiumcarbonat synthetisiert und charakterisiert. Über eine neue Syntheseroute mit gasförmigem CO_2 in einer Öl-in-Wasser-Mikroemulsion wurden Gadoliniumcarbonat- und Magnesiumcarbonat-Hohlkugeln mit einem Durchmesser von unter 100 nm hergestellt. Anschließend wurden Hohlkugeln unter Einschluss organischer Farbstoffe und dem Zytostatikum Doxorubicin als medizinischem Wirkstoff hergestellt. Die Freisetzungsraten des Doxorubicins aus den Hohlkugeln wurden über zwei verschiedene experimentelle Ansätze untersucht und miteinander verglichen. In Kooperationen wurden *in vitro* Untersuchungen zur Wirksamkeit in Krebszellen gemacht und die magnetischen Eigenschaften der Gadoliniumcarbonat-Hohlkugeln untersucht. Diese Arbeit widmet sich neben der Synthese und Untersuchung neuer Hohlkugeln auch dem weitergehenden Verständnis zu den Voraussetzungen zur Entstehung von nanoskaligen Hohlkugeln aus Mikroemulsionen. Dazu wurden verschiedene Morphologien von Nanopartikeln aus Mikroemulsionen unter vergleichbaren Bedingungen mit gasförmigem CO_2 hergestellt. Es wurden Barium-, Blei- und Calciumcarbonat synthetisiert. Zudem wurde die breitere Anwendbarkeit der verwendeten Mikroemulsion durch die Herstellung von Calcium-, Gadolinium- und Lanthanfluorid sowie Barium- und Bleiphosphat neben Bariumsulfat und Kupferchromat gezeigt.

2 Grundlagen und Stand der Technik

2.1 Mikroemulsionen

Emulsionen sind tropfenförmige Verteilungen nicht mischbarer Flüssigkeiten. Im Alltag begegnen uns Emulsionen zum Beispiel in Salatdressings. Hier werden Essig (wässrige Phase) und Öl (unpolare Phase) vermischt und geschüttelt. Nach einiger Zeit entmischt sich eine solche Emulsion; sie ist thermodynamisch nicht stabil. Die Tröpfchen (Mizellen) vereinigen sich (Koaleszenz), dabei wächst die Tröpfchengröße, die Emulsion entmischt sich wieder. Das Verhältnis der beiden Komponenten zueinander bestimmt die Art der Emulsion. Bei Öl-in-Wasser-Emulsionen (O/W-Emulsion) liegt Wasser im Überschuss vor, es handelt sich um eine „normale" Emulsion. Bei Wasser-in-Öl-Emulsionen (W/O-Emulsion) liegt Öl im Überschuss vor, es handelt sich um eine „inverse" Emulsion. Durch Zugabe von Tensiden (z.B. Spülmittel) wird das ungeschützte Zweikomponentensystem kinetisch stabilisiert, die Entmischung wird verzögert. Ein Tensid ist ein Amphiphil, ein grenzflächenaktives Molekül, mit einem hydrophoben Teil, meist einer Kohlenstoffkette, und einer hydrophilen Kopfgruppe. Die gute Wasserlöslichkeit der hydrophilen Kopfgruppe ist bedingt durch Ionenladungen (anionisch, kationisch, zwitterionisch), beispielsweise bei Sulfaten in Spülmitteln, oder ohne Ionenladung durch Wasserstoffbrückenbindungen, beispielsweise Zucker in pH-hautneutralen Seifen.[24-25] Diese durch Tenside erzeugte sterische Hinderung verlangsamt die Entmischung, kann sie jedoch nicht aufhalten. In Makroemulsionen sind die mit dem Lichtmikroskop erkennbaren Tröpfchen ca. 1 µm groß. Bei kleineren Tröpfchen wird von Mikroemulsionen gesprochen.

Mikroemulsionen wurden erstmals 1954 von *Winsor (Chemistry and Technology of Microemulsions)*[26] beschrieben. 1959 haben *Schulman et al.*[27] festgestellt, dass sie eine Nanostrukturierung aufweisen. Obwohl schon lange bekannt, ist die Nutzung von Mikroemulsionen relativ neu, da erst in den 1980er Jahren systematische Studien zu Mikroemulsionen betrieben wurden und ausgereifte analytische Methoden zur Verfügung standen. Erst damit wurde es möglich, die Tensidmenge teilweise deutlich auf bis zu 1% zu verringern. Dadurch wird eine breite Anwendung möglich. Mikroemulsionen werden heute in Kosmetik, Medizin und sogar in großtechnischen Anwendungen genutzt.[28]

2.1.1　Grundlegendes zu Mikroemulsionen

Eine Mikroemulsion ist eine thermodynamisch stabile, isotrope, optisch transparente, flüssige Mischung mindestens zweier nicht mischbarer flüssiger Phasen mit nur einer kontinuierlichen Phase, stabilisiert durch mindestens ein ambiphiles Tensid.[28-31] Eine Mikroemulsion bildet sich durch einen Tensidfilm an der mikroskopischen Wasser/Öl-Grenzfläche aus. Zur Stabilisierung der Mikroemulsion wird zusätzlich zum Tensid meist noch ein nichtionisches Cotensid zugesetzt. Damit wird aus dem 3-Komponentensystem ein 4-Komponentensystem. Bedingt durch die kleine Tröpfchengröße von unter 100 nm wird das Licht nur schwach gestreut, resultierend in optischer Transparenz und Isotropie einer Mikroemulsion.

Die Untersuchung von Mikroemulsionen wurde in den letzten Jahren durch neue Messmethoden, wie dynamische Lichtstreuung und Kryo-TEM, deutlich vorangetrieben.[28-29, 32-36]

Mikroemulsionen werden erst durch die Zugabe eines Tensids thermodynamisch stabil. Das bedeutet, dass sie eine negative freie Grenzflächenenergie (ΔG) aufweisen.

$$\Delta G = \Delta G_{GFS} + \Delta G_{IM} - T\Delta S_M \qquad\qquad (2.1)$$

ΔG: freie Grenzflächenenergie, ΔG_{GFS}: freie Energie der Grenzflächenspannung, ΔG_{IM}: freie Energie der Mizelleninteraktion, T: Temperatur, ΔS_M: Entropieterm.

Durch hohe Tensidkonzentrationen wird die Grenzflächenspannung (ΔG_{CFS}) stark abgesenkt, dadurch wird die freie Grenzflächenenergie (ΔG) nur noch leicht positiv, jedoch meist nicht negativ. Erst durch die Verwendung eines 4-Komponentensystems mit Cotensid wird das chemische Potential an den Grenzflächen weit genug abgesenkt, um ΔG negativ werden zu lassen. Bestimmender Faktor ist die für spontane Mizellenbildung ausreichende Konzentration. Bis zur „kritischen Mizellbildungskonzentration" (*Critical Micelle Concentration*, CMC) wird die Grenzflächenspannung durch Zugabe von Tensiden reduziert, bei weiterer Tensidzugabe bleibt die Grenzflächenspannung konstant, weitere Mizellen werden gebildet.

Ein wichtiger Parameter für das Erreichen einer negativen Grenzflächenenergie ist das Hydrophil-Lipophil-Gleichgewicht (*Hydrophil Lipophil Balance*, HLB) zwischen Tensid und Öl-Phase. Das HLB quantisiert empirisch die Grenzflächenaktivität. Dadurch kann die thermodynamische Beschreibung des 3- bis 4-Komponentensystems in die Löslichkeit der einzelnen Komponenten zueinander zerlegt werden. Leichter zu beschreibende 3-Komponentensysteme beinhalten meist nichtionische Tenside, die ohne Cotensid auskommen.

Eine sehr anschauliche Betrachtungsweise für die Grenzfläche von Mikroemulsionen ist die Theorie der gemischten Filme. Hier wird die Grenzfläche als Film mit einer lipophilen und einer hydrophilen Seite betrachtet. Tensid und Cotensid bilden einen Duplexfilm, dessen Seiten unterschiedliche Eigenschaften haben. Auf der polaren Seite zieht die Grenzflächenspannung den Film zusammen. Auf der anderen Seite wird der Film, abhängig von der Löslichkeit der unpolaren Gruppe und damit von der Eindringtiefe in die Öl-Phase, einem Spreizdruck ausgesetzt. Um die Filmspannung zu minimieren, krümmt sich der Film bis zum Gleichgewichtsradius. Der Gleichgewichtsradius wird über die Filmkrümmung (H) definiert, er hat einen positiven Wert für O/W-Mikroemulsionen und einen negativen für W/O-Mikroemulsionen.

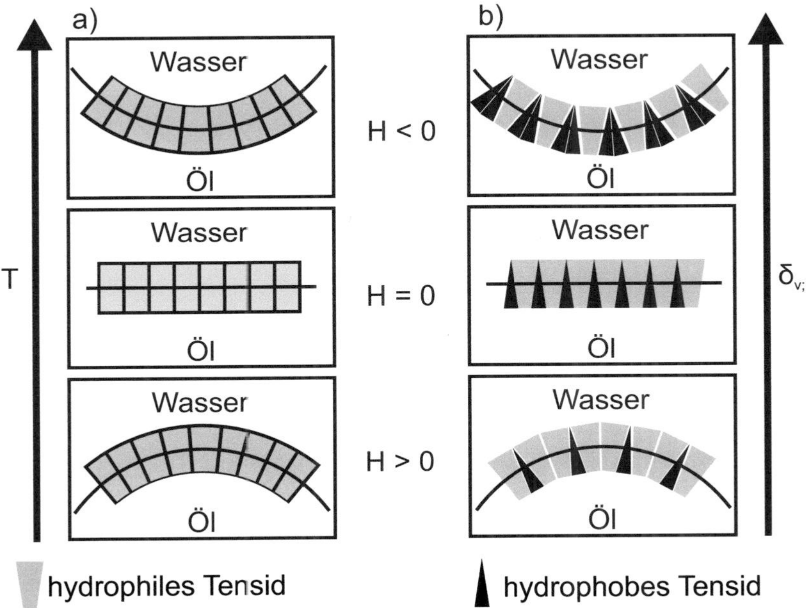

Abbildung 2.1: *Filmkrümmung H einer Emulsion schematisch. a) Temperaturabhängigkeit T ohne Cotensid, b) mit hydrophoben Cotensid in Abhängigkeit der Filmzusammensetzung (modifiziert nach [29]).*

Die Filmkrümmung von Grenzflächen mit nichtionischen Tensiden ist stark temperaturabhängig. Mit zunehmender Temperatur krümmt sich der Film zunehmend in Richtung des Wassers, da die lipophilen Ketten zunehmend mehr Platz benötigen (**Abbildung 2.1**). Die Zugabe eines Cotensids, das sich auf der lipophilen Seite anlagert, wirkt sich auf ähnliche Weise auf die Filmkrümmung aus. Durch den zunehmenden Platzbedarf auf der hydrophoben Seite des Films ändert sich bei zunehmender Cotensidkonzentration die Filmkrümmung in Richtung des Wassers, die Temperaturabhängigkeit sinkt (**Abbildung 2.1**).

Die verschiedenen Phasen eines ternären oder pseudoternären (4-Komponetensystems in 3-Phasen) Systems mit einem konstanten Tensid zu Cotensidverhältnis zeigen verschiedene Bereiche zwischen Mizellen über Mikroemulsionen und inversen Mizellen (**Abbildung 2.2**).

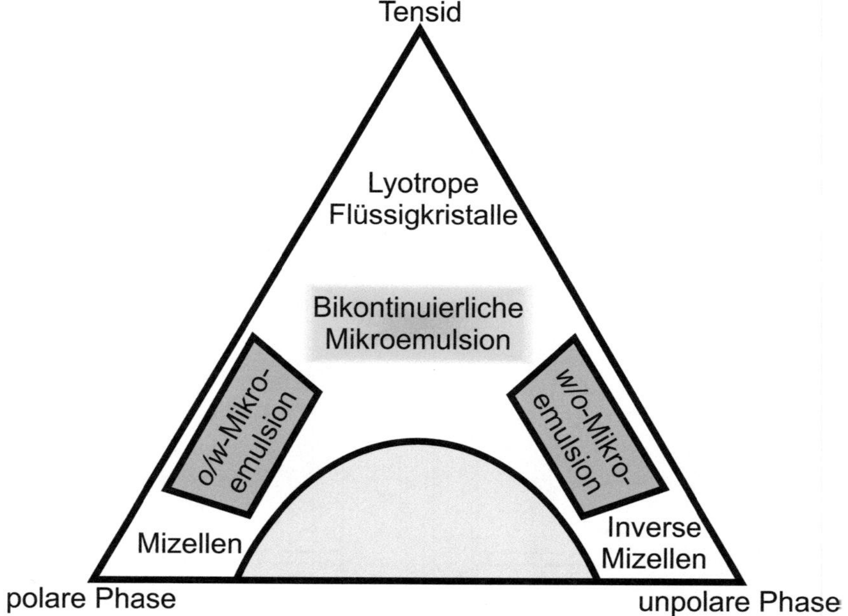

Abbildung 2.2:   *Exemplarisches Phasendiagramm eines Emulsionssystems (modifiziert nach [30]).*

Das Mikroemulsionssystem ist stark von unterschiedlichsten Parametern abhängig. Manche dieser Faktoren können sogar zu einer Phaseninversion führen (**Abbildung 2.3**). Von einer normalen Mikroemulsion ($\underline{2}$) über ein mehrphasiges System (Mischungslücke, 3) bis hin zu einer inversen Mikroemulsion ($\overline{2}$) (**Tabelle 1**).

Tabelle 1.   *Unterschiedliche Parameter verschieben bei nichtionischen Tensiden die Phaseninversionstemperatur (modifiziert nach [31]).*

Parameter	$\overline{2}$	3	$\underline{2}$
Temperatur			
Druck			
Salzkonzentration			
Ölhydrophobie			
Tensidlipophilie			
Tensidhydrophilie			

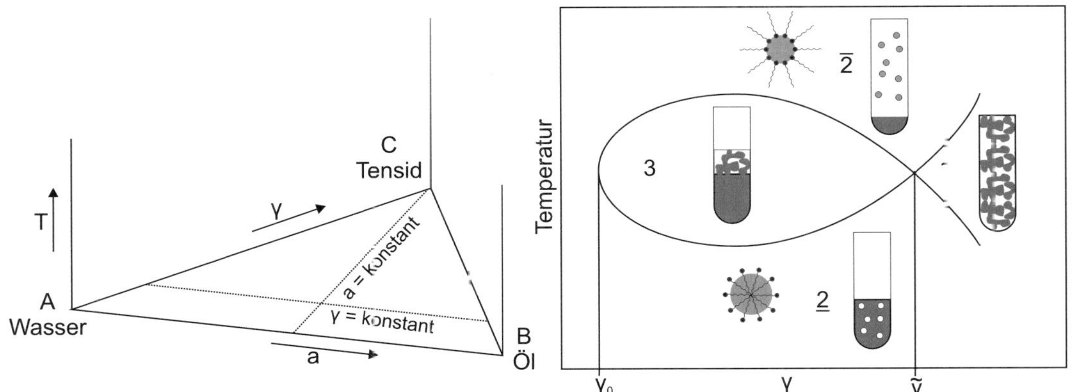

Abbildung 2.3: *Phasendiagramm eines 3-Phasensystems mit zusätzlicher Temperaturachse (rechts) über a = konstant. γ = Wasser-zu-Tensid-Verhältnis, a = Wasser-zu-Öl-Verhältnis (modifiziert nach [31]).*

Durch Temperaturerhöhung erhöht sich die Löslichkeit der Tenside in Wasser, durch die Mizellenbildung steigt die Löslichkeit des Tensids sogar sprunghaft am Kraft-Punkt (**Abbildung 2.3 (obere Linie)**) an. Weitere Faktoren der Mizellenbildung sind neben den Eigenschaften der unpolaren Phase und dem Tensid/Cotensid-Verhältnis die Konzentration von Salzen in der polaren Phase, die die Löslichkeit des Tensids verringern (lyotrope Salze) oder erhöhen (hydrotrope Salze) können.

Wird bei inversen Mizellen der Wassergehalt reduziert, so wird der Punkt erreicht, an dem kein freies Wasser mehr in der Mizellen vorhanden ist. Das gesamte Wasser wird für die Lösung des Tensids benötigt, weitere Salze können nicht gelöst werden. Das molare Verhältnis von Wasser zu Tensid wird mit dem Parameter ω_0 beschrieben.

$$\omega_0 = \frac{[H_2O]}{[T]} \tag{2.2}$$

ω_0: Wasser-zu-Tensid-Verhältnis, [H₂O]: molare Wassermenge, [T]: molare Tensidmenge

Ab einem Wert von $\omega_0 > 15$ in Mikroemulsionen wird von Mizellen gesprochen, da bei Natriumdioctylsulfonsuccinat (AOT) ab diesem Wert freies Wasser gefunden wird.[37]

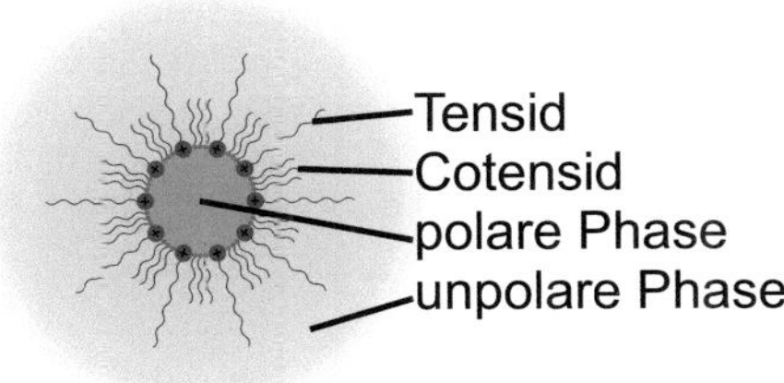

Abbildung 2.4: *Schematische Abbildung einer Mizelle in einer W/O-Mikroemulsion mit Tensid und Cotensid.*

Zusammenfassend ist festzustellen, dass das bis in die 90er Jahre weit verbreitete einfache Bild[38], nach dem eine Mikroemulsion eine große Anzahl kleinster Tröpfchen einer Phase mit einer Tröpfchenoberfläche aus Tensiden in einer Flüssigkeit ist, und die Tröpfchen unbeeinflusst von den sie umgebenden Tröpfchen existieren, zu stark vereinfacht ist.

Das Bild muss erweitert werden, beginnend bei einem 1 zu 1-Verhältnis der beiden Phasen, die tendenziell eher bikontinuierliche feste Strukturen aufbauen. Bei geringeren Konzentrationen der Phasen werden häufig Aggregate und Überstrukturen ausgebildet. Bei geringerer Konzentration der Mizellen treten zwar einzelne Mizellen auf, die jedoch sehr häufig im Zeitraum weniger μs austauschen.[31, 39] Dieses Verhalten ist wichtig, um die Herausforderung zur Herstellung von Nanopartikeln, insbesondere von Hohlkugeln, aus Mikroemulsionen zu verstehen.

2.2   Herstellung von Nanopartikeln

Die Herstellung von Nanopartikeln folgt zwei grundlegenden Prinzipien. Entweder werden makroskopische Volumenmaterialien zerkleinert (Top-down) oder aus Atomen oder Molekülen wird das gewünschte Material aufgebaut (Bottom-up). Die Top-Down-Methode ist die industriell etablierte Methode zur Herstellung kleiner Partikel, die durch Mahlen, Temperaturspannungen o.Ä. erzeugt werden. Das Einstellen der Partikelgrößen ist über die Mahlzeiten und die gewählten Methoden möglich. Prozessbedingt lässt sich jedoch keine Partikelform einstellen, bei harten Materialien lassen sich Fremdeinträge aus den Mahlkörpern nicht vermeiden. Die Top-down-Methode ist für feine Mahlgrade und harte Materialien sehr energieaufwändig.[40] Sie wird überwiegend in der Zementindustrie genutzt und hat hier einen entscheidenden Einfluss auf den Weltenergieverbrauch (Zementindustrie gesamt ca. 6,5%, davon ca. 40% Aufmahlung).[15, 41-42]

Die Bottom-up-Methode zur Herstellung von Nanopartikeln setzt die Partikel aus einzelnen Atomen oder Molekülen in der Gasphase, in Lösung oder Schmelze zusammen. Auch hier wird Energie zum Auflösen bzw. zur Synthese der Edukte benötigt. Die Bottom-up-Methode ermöglicht die Nanopartikelherstellung ohne Störung durch Mahlstaub oder andere Verunreinigungen. Wichtigster Vorteil ist jedoch, dass durch die Bottom-up-Methode die Form der Partikel wesentlich beeinflusst werden kann.[18, 43] So lassen sich beispielsweise Aluminiumoxidhydroxide unterschiedlichster Struktur und Größe herstellen, lange Nadeln oder gleichseitige Kristalle in verschiedenen Größen sowie nanoskalige amorphe und sogar nanoskalige hohle Kugeln.[44]

Die Bottom-up-Methode ermöglicht die Herstellung unterschiedlichster Partikelformen und -ausprägungen für zahlreiche Anwendungsbereiche, die Synthese erfolgt in der Gas-

oder Flüssigphase. Die Gasphasenmethoden erlauben die Herstellung „nackter" Nanopartikel durch Laserablation oder chemische Gasphasenabscheidung. Dabei werden in einem kontinuierlichen Prozess in der Gasphase Nanopartikel erzeugt.[45]

Eine wichtige Methode zur Herstellung von Nanopartikeln sind Flüssigphasensynthesen. Dabei ist es notwendig, entweder innerhalb sehr kurzer Zeit die Bedingungen zur Produktbildung zu schaffen, um eine kinetisch kontrollierte Reaktion ablaufen zu lassen, oder Reaktionsbedingungen, wie beispielsweise hohe Temperaturen, zu wählen, unter denen Nanopartikel thermodynamisch bevorzugt gebildet werden.

Bei der Hot-Injektion-Methode wird durch Einspritzen eines kalten Edukts oder einer kalten Eduktlösung in die Reaktionslösung oder -schmelze bei - für die Reaktion - hoher Temperatur eine Übersättigung erzeugt. So kommt es zu schneller Keimbildung und plötzlicher Abkühlung, wodurch Nanopartikel entstehen können.[46] Auch Solvo- und Hydrothermalsynthesen werden genutzt, um sehr hohe Temperaturen und damit hohe Eduktlöslichkeiten in der Flüssigphase zu erzielen; diese Bedingungen ermöglichen eine schnelle Reaktionsgeschwindigkeit und Keimbildungsrate.[47] Andere Systeme nutzen zum schnellen Aufheizen des Reaktionsmediums Mikrowellenstrahlung. Reaktionen, die ab einer Grenztemperatur schnell ablaufen, können so Nanopartikel erzeugen.[48]

Templates in verschiedenen Formen erlauben es, in mannigfaltiger Weise die Strukturen der Reaktionsprodukte zu beeinflussen.[49] Mikroemulsionen als Reaktionsmedium verhalten sich wie weiche Templates. Die sehr homogene Größenverteilung der Templatetröpfchen und deren einfache Herstellung machen es möglich, Nanopartikel von hoher Güte zu erzeugen.[50]

2.2.1 Keimbildung und Wachstum

Die wichtigsten Punkte bei der Herstellung von Nanopartikeln sind das Verständnis und die Kontrolle von Keimbildung und Keimwachstum. Beide haben einen wesentlichen Einfluss auf Größe und Verteilung der Nanopartikel. Die Grundlagen haben 1950 *LaMer* und *Dinegar* mit ihren Untersuchungen zu Schwefelhydrosolen gelegt.[51]

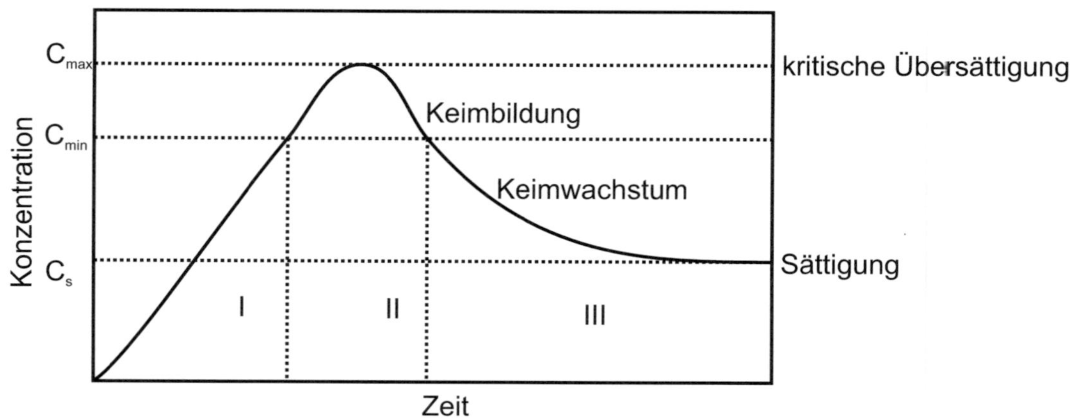

Abbildung 2.5:   *Keimbildung nach LaMer und Dinegar (modifizierte Reproduktion nach [51]).*

Ohne Kristallisationskeime kommt es nach *LaMer* beim Überschreiten der Sättigungskonzentration (C_s) nicht zur Keimbildung (**Abbildung 2.5**). Die Lösung ist dann übersättigt (Bereich I). Bei einer höheren als der kritischen Konzentration (C_{min}) kommt es zur Keimbildung (Bereich II). Andere Modelle sprechen von der Keimbildungsarbeit, die überwunden werden muss. Dadurch kann die kritische Übersättigung (C_{max}) nicht überstiegen werden. Es entstehen fortlaufend neue Keime (Bereich II). Im Bereich III kommt es bei Unterschreitung von C_{min} zu Keimwachstum und es entsteht eine gesättigte Lösung. Dieser exotherme Prozess des Keimwachstums setzt sich in einem ungestörten System auch nach Erreichen der Sättigungskurve fort. Wichtig ist es, bei der Synthese von Nanopartikeln die *Ostwald*-Reifung[52] zu unterdrücken, die größere Partikel wachsen und kleine schrumpfen lässt. Größere Partikel haben eine geringere Energie, da ihre Gitterenergie im Vergleich zu kleineren Partikeln durch Defekte und Krümmungen abgesenkt ist. Ihre Oberflächenenergie ist im Verhältnis zur Partikelmasse ebenfalls geringer. Schon eine Agglomeration der Partikel kann die Oberflächenatome teilweise absättigen und führt so zu einer Verringerung der Energie. Zur Unterdrückung dieser exothermen Vorgänge müssen die Nanopartikel entweder elektrostatisch (Zetapotential) oder sterisch über Oberflächenbelegung voneinander getrennt werden. Mikroemulsionen bieten hierbei systemimmanent die Möglichkeit, eine sterische Kontrolle auszuüben und eine Oberflächenbelegung mit organischen Molekülen zu erreichen. So können bereits während der Reaktion Reaktionsräume und Nanopartikel voneinander getrennt werden.

2.2.2 Synthese von Nanopartikeln in Mikroemulsionen

Mikroemulsionen zur Herstellung von Nanopartikeln werden vielseitig genutzt.[24, 31, 37, 53]

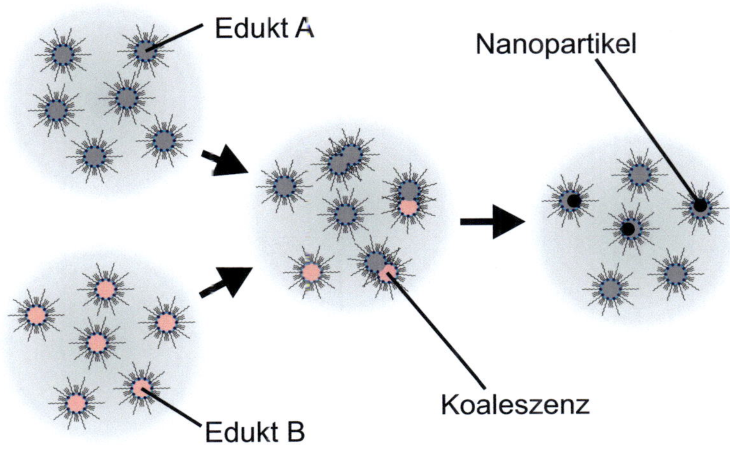

Abbildung 2.6:   *Schematische Darstellung zur Herstellung von Nanopartikeln aus zwei vermengten Mikroemulsionen (modifiziert nach [54]).*

Dabei lassen sich zwei Methoden der Nanopartikelsynthese unterscheiden. Im ersten Fall (**Abbildung 2.6**) werden zwei Mikroemulsionen miteinander vermischt. Jede Mikroemulsion enthält in ihren Mizellen jeweils einen Reaktionspartner für die Synthese der Partikel. Durch Koaleszenz und Austausch zwischen den Mizellen findet die Reaktion statt. Im zweiten Fall (**Abbildung 2.7**) liegt ein Reaktionspartner in den Mizellen einer Mikroemulsion gelöst vor, der andere im Lösungsmittel. Beide Flüssigkeiten werden vermengt. Die Reaktion findet über Diffusion der gelösten Edukte in die Mizelle oder aus ihr heraus statt. Beide Methoden erlauben das Einleiten von Gasen sowie temperatur- und lichtinduzierte Reaktionen. Größe und Form der so synthetisierten Nanopartikel sind nicht ausschließlich durch die Mizellengröße bedingt, sondern vor allem durch eine Vielzahl anderer Faktoren.[55-59]

Bei Reaktionen, deren Reaktionsgeschwindigkeit deutlich unter der Mizellenaustauschgeschwindigkeit liegt, entsprechen Form und Größe der Partikel dem *LaMer*-Modell. Es liegt eine statistische Verteilung der Edukte in den Mizellen vor, die Edukte werden kontinuierlich ausgetauscht. Meistens liegt die Reaktionsgeschwindigkeit deutlich über der Austauschgeschwindigkeit der Mizellen (Intermizellarer Austausch). Die Austauschgeschwindigkeit hängt ab von der Mizellenkonzentration und der Filmflexibilität die stark von der Cotensidkonzentration und der Geometrie des Tensids beeinflusst wird. Für die Verschmelzung von Zellen ist eine lokale Inversion der Filmkrümmung notwendig, diese kann bei einem Stoß zweier Zellen auftreten und ist bei Mizellen mit hoher Filmflexibilität wahrscheinlicher.

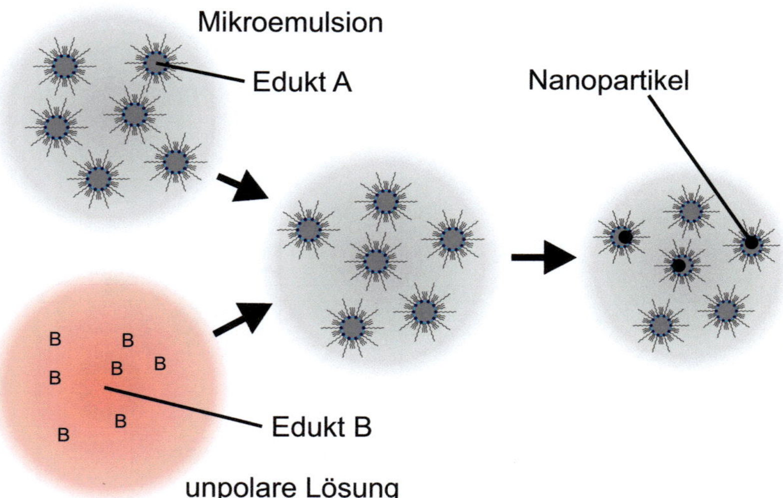

Abbildung 2.7:   *Schematische Darstellung zur Herstellung von Nanopartikeln aus einer Mikroemulsion zusammen mit einer zusätzlichen Lösung (modifiziert nach [54]).*

Neben dem Austausch von Edukten bestimmt die Filmflexibilität auch den späteren Stabilisierungsmechanismus der Nanopartikel. So kann nach *Pileni*[58] bei flexiblen Filmen der Film unter Änderung des Krümmungsradius die Partikel umschließen. Dadurch sind unterschiedlich große stabilisierte Partikel möglich. Der Implusionsmechanismus nach *Rivadulla* beschreibt für starre Filme eine Stabilisierung der Partikel erst ab einem Grenzkrümmungsradius.

Die Herstellung von Nanopartikeln aus Mikroemulsionen ermöglicht eine räumliche Trennung der Edukte, was bei Vermischung zu lokalen Übersättigungen führt. Der Austausch von Edukten oder Keimen unter den Mizellen führt zu größeren Partikeln als der Mizellendurchmesser. *Ostwald*-Reifung und Autokatalyse, die zu einer Vergrößerung der Partikel führen, sind stark vom gewählten Mikroemulsionssystem und dessen Filmflexibiltät, sowie den gewählten Reaktionsparametern abhängig.

2.2.3   Nanoskalige Hohlkugeln aus Mikroemulsionen

In bestimmten Fällen kann durch geeignete Reaktionsführung und Wahl der Mikroemulsion die Entstehung von nanoskaligen Hohlkugeln beobachtet werden.[17, 60-68] Dabei müssen sich beide Reaktionspartner an der Phasengrenze treffen und schnell miteinander reagieren. Die beiden Edukte liegen auch hier in getrennten Phasen vor (**Abbildung 2.8**). Die Koaleszenz der Mikroemulsionströpfchen ist für die Reaktion hinderlich. Durch die Zugabe von weiteren Hilfsstoffen wie beispielsweise Gelatine kann ein zusätzlicher Templateeffekt erzeugt werden.[69] Die Hilfsstoffe erhöhen die Viskosität, dies ist förderlich für die Ausbildung einer Kavität. Statt Hilfsstoffe zur Viskositätserhöhung einzusetzen, wurden in dieser Arbeit die Reaktionsparameter genau kontrolliert und ausgewählte Reaktionspartner verwendet.

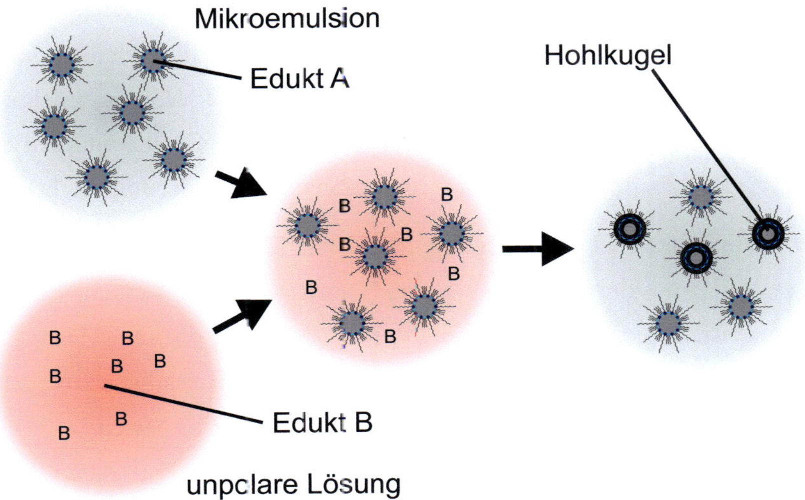

Abbildung 2.8: *Schematische Darstellung zur Herstellung von Hohlkugeln durch Bildung einer Außenwand an den Rändern der Mizellen.*

Die Voraussetzungen zur Herstellung nanoskaliger Hohlkugeln aus Mikroemulsionen sind komplex. Soll ein Hohlkörper in der Größenordnung der Mizellen in der Mikroemulsion entstehen, so gibt es zwei Mechanismen, die dies ermöglichen können.

Sind mindestens zwei Edukte der schwerlöslichen Verbindung vorhanden und liegen diese in den beiden unterschiedlichen Phasen der Mikroemulsion vor, so treffen die Edukte am Rand der Mizellen aufeinander. Es kommt zu einer lokalen Übersättigung. Beginnt von dieser Stelle aus ein Keimwachstum, dann entsteht als Ergebnis ein einzelner Kristallit, der keinen Hohlkörper aufweist. Wächst dieser Kristallit weiter, da keine weiteren Kristallite an der Phasengrenze des gleichen Tröpfchens gebildet werden, entsteht ein massiver Nanopartikel. Deshalb ist es wichtig, dass sich die Keime an vielen Stellen in der Schale gleichzeitig bilden und an der Phasengrenzfläche aneinanderwachsen. Die Mizelle wird dann umwachsen und die Kavität von der Umgebung abgeschlossen. So ist ein Zuwachsen des Hohlraumes unterdrückt. Für Calciumphosphatpartikel konnte dieser Vorgang in einer O/W-Mikroemulsion beobachtet werden. Dabei diente ein organisches Phosphat zugleich als Tensid und Edukt.[70] Bei sehr stabilen Liposomen (doppelwandigen Mizellen) wird auch der Vorgang der Wandstärkenzunahme über die Zeit beobachtet.[71-72]

Keine Kavität wird beobachtet, wenn die Keime in der Mizelle eine zu hohe Mobilität haben. Der Keim löst sich von der Grenzfläche ab, weitere neue Keime entstehen, die Mizelle wird nach und nach mit Keimen gefüllt, es entstehen kleine Partikel ohne Kavität. Je nach

Löslichkeit des Produkts in der Mizelle können diese Keime zusammenwachsen und eine der Mizelle ähnliche Größe erreichen bzw. durch *Ostwald*-Reifung und Koaleszenz der Mizellen noch größer werden oder kleinste Partikel-„Suspensionen" in der Mizelle bilden. Verhindert werden kann diese unerwünschte Kristallitbildung durch Komplexbildner an den der Ölphase zugewandten Kristallitoberflächen. Die Kristallite bleiben dann kurzzeitig länger an der Phasengrenze. Eine geringe Filmflexibilität der Mikroemulsion unterstützt dieses Verhalten. Ein Beispiel ist die Verwendung von Cyclopentadienylen bei der Herstellung von Zinkoxid[68] und Gadoliniumcarbonat[73] (Dirigierungseffekt).

Die andere Möglichkeit ist die Belegung von Kristallitoberflächen durch die bevorzugte Anlagerung der in der Mikroemulsion vorhandenen Tenside an bestimmte Oberflächenorientierungen des Kritallgitters (Belegungseffekt). Dadurch können unterschiedlichste Kristallformen abhängig von Tensid und Kristallstruktur, entstehen und auch Kavitäten erzeugt werden. Besonders deutlich wird dies bei den konzentrationsabhängigen Ausbildungsformen von Silbersulfid-Partikeln.[61]

Für das Entstehen der Hohlkugeln von Bedeutung ist nach dem ersten Mechanismus eine geringe Gitterenergie. Sonst überwiegt das Keimwachstum von Beginn an und die zur Hohlkugelbildung nötigen, meist amorphen Keime sind nicht ausreichend vorhanden. Die Löslichkeitsgrenze zur Bildung des Feststoffs muss jedoch klar überschritten werden. Hierzu ist eine geringe Solvatationsenergie nötig, eine Zersetzung der Edukte in der Mikroemulsion kann diese noch erhöhen. Zur Bildung der Hohlkugeln in der Mikroemulsion ist eine ausreichend geringe Löslichkeit des Hohlkugelmaterials nötig, da sonst in der relativ langen Aufarbeitungsphase ein erneutes Lösen und Rekristallisieren der Partikel auftreten kann. Durch die häufigen Stoßprozesse zwischen Mizellen (s.o.) kommt es dabei zu thermodynamisch bevorzugten größeren Kristallen. Generell ist festzustellen, dass Hohlkugeln wegen ihrer vergrößerten Oberfläche und der damit einhergehenden freien Oberflächenenergie nur in kinetisch kontrollierten Systemen entstehen können. Wesentlichen Einfluss auf die Löslichkeit der Edukte und Produkte, die Filmflexibilität der Mizellen, die Reaktionskinetik, den dirigierenden Effekt und die Belegung mit Tensiden hat die Wahl des Mikroemulsionssystems, die Konzentration der Edukte, die Temperatur, der pH-Wert, die zusätzliche Salzlast in den Mizellen und die gleichmäßige Verteilung im Reaktionsraum.

In dieser Arbeit wurde in einem Mikroemulsionsystem gearbeitet, das einen weiten Parameterbereich für Temperatur, pH-Wert, Salzlast und verschiedenste Edukte bietet. In diesem System wurde nach den passenden Parametern zur Herstellung von Hohlkugeln gesucht und diese Hohlkugeln wurden charakterisiert. Als System wurde eine W/O-Mikroemulsion aus Dodekan als unpolarer Phase, Wasser als polarer Phase und CTAB

(Cetyltrimethylammoniumbromid) als Tensid mit 1-Hexanol als Cotensid verwendet. Dadurch lassen sich Reaktionsbedingungen von -5-50 °C, pH 1-14 und ω = 5-40 einstellen, polare Edukte können über die wässrige Phase eingeführt werden, Metallorganyle werden in Dodekan gelöst.

3 Analytische Methoden

3.1 Elektronenmikroskopie

Die Elektronenmikroskopie überwindet die Auflösungsgrenze klassischer Lichtmikroskope durch beschleunigte Elektronen.[74] Durch deren hohe Beschleunigungsspannung und ihrer höheren Masse werden deutlich kleinere Wellenlängen erzielt, die eine erhöhte Auflösung nach *Abbe*-Limit erlauben.

$$d = \frac{\lambda}{2n\,\sin\alpha} \tag{3.1}$$

d: kleinster Abstand unterscheitbarer Punkte, λ: Strahlungswellenlänge, n: Brechungsindex
α: Öffnungswinkel des fokussierten Strahls.

Die Wellenlänge beschleunigter Elektronen lässt sich über die *de Broglie*–Wellenlänge ausrechnen.

$$\lambda = \frac{h}{p} = \frac{h}{mv}, \sim\lambda[nm] = \sqrt{\frac{1{,}5}{U_A[V]}} \tag{3.2}$$

λ: Wellenlänge der Elektronen, h: Planck'sches Wirkungsquantum, p: Impuls, m: Masse,
v: Teilchengeschwindigkeit, U_A: Beschleunigungsspannung.

Schon bei auf 20 kV beschleunigten Elektronen beträgt die Auflösungsbegrenzung durch *Abbe* ohne Berücksichtigung relativistischer Effekte 0,0087 nm und liegt damit deutlich unter den in der Realität erreichbaren Auflösungen, die durch Linsenfehler, Wechselwirkungsvolumen und Probendrift begrenzt werden. Die Probe wird im Vakuum mit einem Elektronenstrahl beschossen, wobei unterschiedliche Wechselwirkungen zwischen Probenmaterie und Elektronenstrahl auftreten und detektiert werden können. Wegen ihrer hohen Auflösung im Nanometerbereich und der Möglichkeit, die Probenzusammensetzung bei vergleichbarer Auflösung lokal aufzuklären, hat die Elektronenmikroskopie besondere Bedeutung für die Untersuchung von nanoskaligen Beschichtungen und Nanopartikeln.

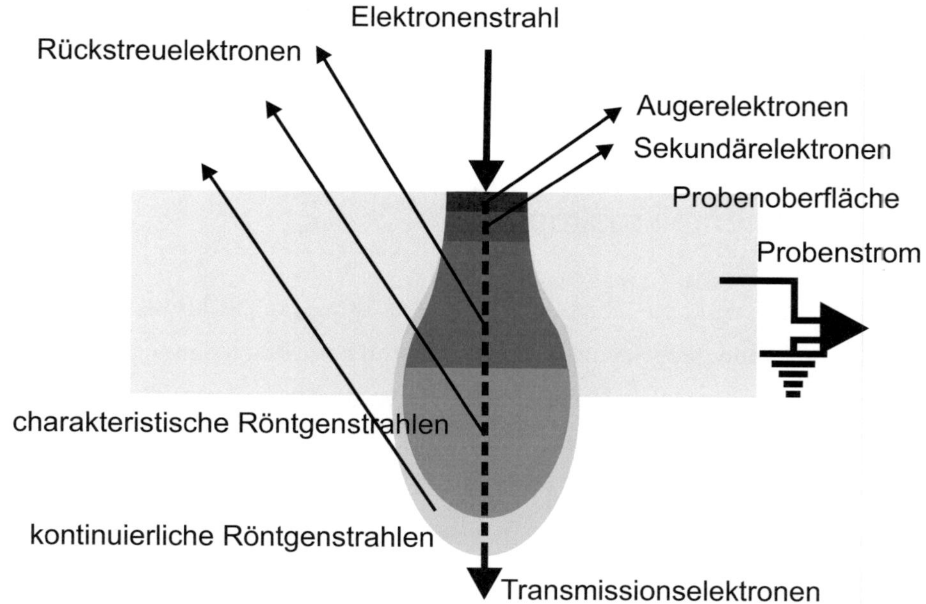

Abbildung 3.1:   *Wechselwirkungen von Elektronenstrahlen mit der Probe in verschiedenen Tiefen (modifiziert nach [75]).*

3.1.1 Rasterelektronenmikroskopie (REM)

Bei der Rasterelektronenmikroskopie wird ein Elektronenstrahl mit 0,2-30 kV beschleunigt und als Punkt zeilenförmig über eine Probe gerastert. Die maximal erreichbare Auflösung liegt aktuell bei ca. 1 nm.[76] Die Ortsauflösung wird dabei durch die Position des Strahls erzeugt. Verschiedenartige Wechselwirkungen von Elektronen und Probe in einer Anregungsbirne (**Abbildung 3.1**) bieten unterschiedliche Möglichkeiten der Detektion. Abhängig von Beschleunigungsspannung, Dichte und Ordnungszahl der Atome der Probe ist die Eindringtiefe und Form der Anregungsbirne, die die Auflösung begrenzt, unterschiedlich groß. Am häufigsten genutzt werden Sekundärelektronen (SE), die durch inelastische Streuung an der Probe entstehen. Sekundärelektronen haben eine Energie von weniger als 50 eV und stammen aus der obersten Schicht der Probe, deren Topologie daher gut abgebildet wird. Rückstreuelektronen (*Backscattered Electrons*, BSE) entstehen durch elastische Streuung, haben eine Energie von mehr als 50 eV und kommen aus den tieferen Schichten der Probe. Daher zeigen sie materialabhängig den Materialkontrast. So kann auf die Materialverteilungen der Probe geschlossen werden. Bei Sekundärelektronen wird zwischen Elektronen erster Ordnung (SE1), erzeugt vom Primärstrahl, und Elektronen zweiter Ordnung (SE2), erzeugt von den Rückstreuelektronen, unterschieden. Ein *Everhard-Thornley*-Detektor kann diese Elektronen detektieren, indem er in einem Szintillator zusammen mit einem Photomultiplier die Elektronen in Lichtsignale umsetzt und verstärkt. Durch eine positive Saugspannung werden dabei Elektronen angezogen, was zu einem stärkeren Signal führt. Durch eine negative Sperrspannung werden nur die energiereichen Rückstreuelektronen detektiert.[77]

Als Besonderheit des in dieser Arbeit eingesetzten Geräts wird ein *InLens*-Detektor genutzt, der Sekundärelektronen (SE1) mit kleinem spitzem Winkel ringförmig um den Primärelektronenstrahl detektiert, dieser Detektor sitzt in der Elektronenoptik. Dies ist möglich, da die Primärstrahlelektronen bei unter 20 kV Beschleunigungsspannung in den Feldlinsen von einer zusätzlichen Boosterspannung von 8 kV beschleunigt und vor Auftreffen auf die Probe durch ein Gegenfeld wieder abgebremst werden. Dieses Gegenfeld zieht die Sekundärelektronen in die Optik und zum *InLens*-Detektor, der für geringe Beschleunigungsspannungen bei damit einhergehender geringer Eindringtiefe der Elektronen ein kontrastreiches Bild der Nanopartikel liefert.

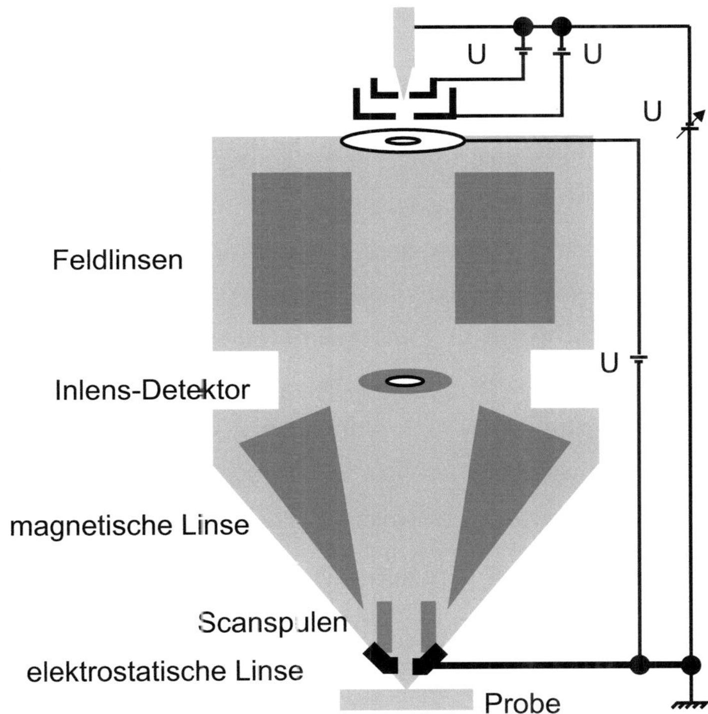

Abbildung 3.2: *Schematische Zeichnung eines REM. Der InLens-Detektor ermöglicht es, im spitzen Winkel zurückgestreute Elektron zu detektieren (modifiziert nach [75]).*

In dieser Arbeit wurde ein *Supra 40 VP* der Firma *Zeiss* (Oberkochen) mit *InLens*-Detektor verwendet. Die Proben wurden auf einen polierten Siliziumwaver in ethanolischer Suspension aufgetragen und an der Luft getrocknet. In der Regel wurde eine Beschleunigungsspannung von 5-10 kV und ein Probenabstand von 2 mm verwendet. Zur Auswertung wurde die Software *SmartSEM*^{TM} *V 5.0* eingesetzt. Zur statistischen Auswertung der Größenverteilungen wurde die Software *ImageJ 1.48g* (Wayne Rasband, National Institutes of Health, USA) verwendet.

3.1.2 Transmissionselektronenmikroskopie

In einem Transmissionselektronenmikroskop (TEM) werden dünne Probenbereiche flächig mit Elektronen hoher Geschwindigkeit bestrahlt. Das lokal unterschiedliche Streuverhalten unterhalb der Probe wird detektiert. Durch eine Auflösung von bis zu 50 pm[78] ist die Ausmessung von Netzebenenabständen und die Detektion einzelner Atome möglich.[79] Messungen in Transmission sind, ähnlich wie bei einem Durchlichtmikroskop, nur bei sehr dünnen Proben mit einer Dicke von wenigen Nanometern bis Mikrometern möglich. Die maximal sinnvolle Probendicke ist von der Ordnungszahl und der Packungsdichte der Atome abhängig. Bei solch dünnen Proben entsteht keine Anregungsbirne, deshalb können sehr hohe Beschleunigungsspannungen zur Minimierung von Linsenfehlern und hohen Elektronenströmen genutzt werden.

Die auf 60-300 kV beschleunigten Elektronen werden in einer Kondensorlinse parallelisiert. Sie treffen in gleichmäßiger Dichteverteilung nahezu senkrecht auf die Probe. Die Elektronen durchdringen die Probe ungehindert oder werden an ihr gestreut. Die Streuung kann entweder elastisch, unter Beibehaltung der Energie und Änderung der Flugbahn, an Atomkernen oder inelastisch unter Stoß mit Elektronen oder Atomkernen unter Energieverlust, aber Beibehaltung der Bewegungsrichtung, erfolgen. Hinter der Probe werden die Elektronen von der Objektivlinse fokussiert. Danach werden über eine Blende (Hellfeldblende) elastisch gestreute Elektronen herausgefiltert. Die zurückgehaltenen Elektronen fehlen und an dieser Stelle erscheint im Hellfeld ein dunkler Punkt. Das Streuvermögen steigt mit zunehmender Ordnungszahl Z, daher wird neben der Probendicke auch der Z-Kontrast überlagernd beobachtet. Das Zwischenbild wird durch Zwischenlinsen und die Projektivlinse auf einen Leuchtschirm oder direkt auf eine CCD-Kamera projiziert.

Bei kristallinen Partikeln zeigen sich zusätzlich zur Partikelform noch Beugungseffekte. Diese zeigen, den *Bragg*-Bedingungen folgend, Netzebenenscharen oder Atomsäulen. Die Gitterabstände des Kristallits können so direkt ausgemessen werden. Bildausschnitte (Kristallite) von HRTEM-Aufnahmen (*High Resolution* TEM) können auch mit *Fourier*-Transformation in die Frequenzdomäne überführt und wie ein Röntgendiffraktogramm interpretiert werden. Diese Methode hat den Vorteil, auch Kristallstrukturinformationen einzelner Partikel zu liefern.

Die TEM- und HRTEM-Aufnahmen wurden von *Dr. R. Popescu* (LEM, KIT) an einem *Titan³ 80-300* TEM der Firma *FEI* (Gräfelfing) mit einer Beschleunigungsspannung von 80-300 kV aufgenommen. Proben wurden auf einem Kupfernetz mit amorphem, löchrigen Kohlenstoff und einem dünnen Kohlenstofffilm (< 3 nm) der Firma *Ted Pella, Inc.* (Californien) präpariert. Die *Fourier*-Transformation der HRTEM-Daten mit *JEMS-*

Software (Java Version der Elektronen Mikroskopie Simulationssoftware) und deren Interpretation wurde von *Dr. R. Popescu* (LEM, KIT) durchgeführt.

3.1.3 Rastertransmissionselektronenmikroskopie (STEM)

Die Rastertransmissionselektronenmikroskopie (*Scanning Transmission Electron Microscopy*, STEM) kombiniert das punktförmige Abrastern der Probe eines REM mit der Transmission (TEM). Dazu kann entweder ein REM im Durchstrahlmodus oder ein TEM im Rastermodus verwendet werden. Beide Methoden werden als STEM bezeichnet, wobei mit einem TEM baubedingt eine höhere Auflösung erzielt werden kann.

Analog zur TEM lassen sich zwei Arten von Elektronen unterscheiden, die gestreuten und die nicht gestreuten. An den Orten geringer Streuung ist die Schwächung des Strahls gering und der Hellfelddetektor (*Bright Field*, BF) zeigt ein hohes Signal. Bei den gestreuten Elektronen wird zwischen leicht abgelenkten Elektronen im Dunkelfeld (*Dark Field*, DF) und stark abgelenkten Elektronen in einem äußeren Ring um den Dunkelfelddetektor unterschieden. Die stark abgelenkten Elektronen werden im HAADF-STEM *(High-Angle Annular Dark Field-STEM)* beobachtet. Die Signalintensität liegt dabei eine Größenordnung unter der des BF-Detektors.

Die DF/BF-STEM Aufnahmen wurden an einem REM (*Supra 40 VP*) mit STEM-Detektor bei 20-30 kV bei einem Abstand von 4 mm durchgeführt. Proben wurden auf einem Kupfernetz mit amorphem, löchrigen Kohlenstoff und einem dünnen Kohlenstofffilm (< 3 nm) der Firma *Ted Pella, Inc.* aus ethanolischer Suspension präpariert. HAADF-STEM-Messungen wurden von *Dr. R. Popescu* (LEM, KIT) an einem *Titan 80-300* der Firma *FEI* (Gräfelfing) und einem *Osiris ChemiSTEM* der Firma *FEI* mit einer Beschleunigungsspannung von 80-300 kV aufgenommen.

3.1.4 Feinbereichsbeugung (SAED)

Die Wellenlänge der beschleunigten Elektronen bei TEM liegt im Bereich der Atomabstände in Kristallen. Dadurch werden diese gemäß ihrem Wellencharakter am Kristallgitter nach dem *Bragg*'schen Gesetz gebeugt. Durch die Fokussierung des Elektronenstrahls auf einen Probenbereich kann die lokale Kristallstruktur untersucht werden (*Selected Area Electron Diffraction*, SAED). Analog zur Einkristallstrukturanalytik werden bei Fokussierung auf einen Kristalliten diskrete Reflexe erhalten. Bei mehreren Kristalliten zeigen sich analog zur Pulverdiffraktometrie Beugungsringe. Durch den großen Wechselwirkungsquerschnitt von Elektronen mit Materie können schon bei kurzen Belichtungszeiten ausreichende Kontraste erzielt werden. Vergleiche mit Strukturdaten und Messwerten aus der Literatur erlauben eine Phasenidentifikation.

Die SAED-Untersuchungen an den TEM-Proben wurden von *Dr. Radian Popescu* (LEM, KIT) an einem *CM 200 FEG/ST* (*Philips*) (Eindhoven) bei 200 kV gemessen.

3.1.5 Energiedispersive Röntgenspektroskopie

Die Energiedispersive Röntgenspektroskopie (*Energy Dispersive X-Ray Spectroscopy*, EDX) analysiert die Röntgenstrahlung, die bei inelastischer Streuung eines Elektronenstrahls an einer Probe entsteht. Ein Elektron des Primärstrahls schlägt bei der inelastischen Streuung ein Elektron aus der inneren Schale eines Atoms. Dabei entsteht ein Loch, dieses wird mit unterschiedlichen Wahrscheinlichkeiten aus weiter oben liegenden Schalen aufgefüllt. Die dabei frei werdende Röntgenstrahlung ist charakteristisch für diesen Übergang und wird nach dem Muster der Lochschale X (K, L, M) und dem relativen Abstand zur Quellschale des auffüllenden Elektrons (α, β, γ) bezeichnet. Referenzproben mit bekannten Zusammensetzungen ermöglichen eine Quantifizierung. Dadurch sind relative Anteile der Elemente in der Probe messbar.

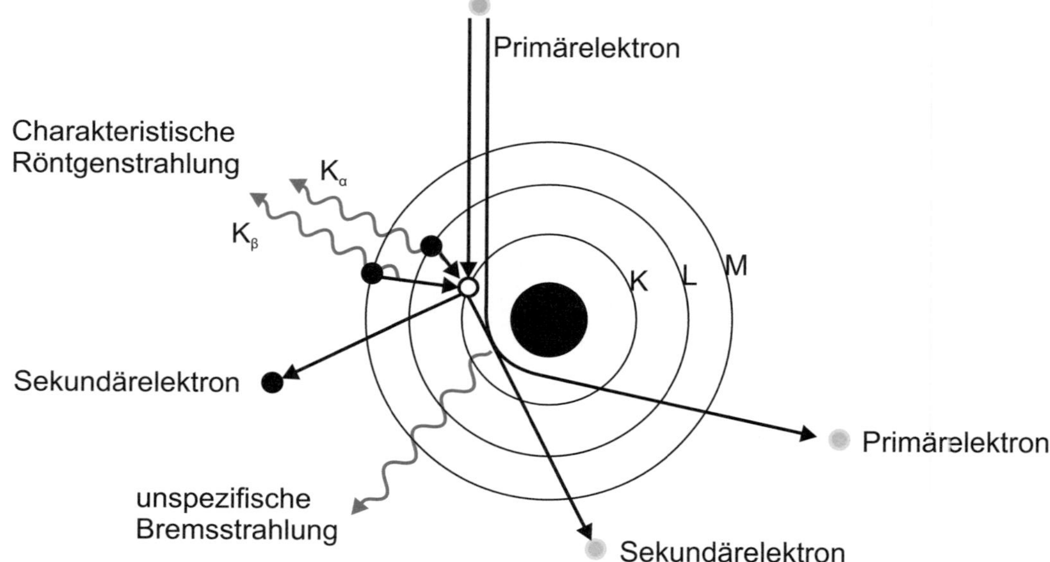

Abbildung 3.3:   *Wechselwirkung zwischen einem Atom und einem Primärelektronenstrahl. K, L, bezeichnen die verschiedenen Energieniveaus der Elektronen (modifiziert nach [75]).*

Die Konzentrationen der Elemente können für eine Probenstelle und damit gemittelt (*Spot EDX*) oder entlang einer Linie gemessen werden (*Linescan EDX*). Moderne großflächige ringförmige Halbleiterdetektoren erlauben es, auch im Nanometerbereich aufgelöste Elementkarten (*Element Mapping*), bei der die Elemente verschiedenfarbig dargestellt werden, in relativ kurzer Zeit zu messen.

Die EDX Line-Scan- und Bildaufnahmen wurden von *Dr. Radian Popescu* (LEM, KIT) auf einem *Osiris ChemiSTEM* der Firma *FEI* (Gräfelfing) mit einem *Quantax* system (*XFlash* detector) von *Bruker* gemacht. Die EDX-Quantifizierungen wurden mit der Software *TEM imaging and analysis* (*TIA*) 4.7 der Firma *FEI* durchgeführt.

3.2   Röntgenpulverdiffraktometrie

Die Röntgenpulverdiffraktometrie ermöglicht die Analytik mikrokristalliner Proben. Ein monochromatischer Röntgenstrahl wird von einer dünnen Schicht Probensubstanz gebeugt. Dabei auftretende Interferenzen erzeugen Streukegel. Durch die Analyse dieser Streukegel lassen sich Rückschlüsse auf die Größe der Kristallite in der Probe ziehen. Durch Vergleich mit anderen Proben, Einkristalldiffraktometrie oder computergestützten Strukturmodellen kann die Kristallstruktur bestimmt werden.[80-81]

Die Wellenlänge von Röntgenstrahlung (10^{-12}-10^{-8} m) liegt in der Größenordnung von Atomabständen (ca. 10^{-10} m).[82] Treffen sie phasengleich auf einen Kristall oder auf Kristallpulver, so werden sie am Kristallgitter gebeugt. Dabei wechselwirken die Röntgenstrahlen mit den Atomen im Kristall. Die meisten Signale löschen sich durch destruktive Interferenzen gegenseitig aus. Es bleiben nur die reflektierten Wellen übrig, die an von Atomen gebildeten Ebenen mit Abständen von einem Vielfachen der Wellenlänge der eingestrahlten elektromagnetischen Wellen gebrochen werden. Nur bei dieser Bedingung kommt es zu konstruktiver Interferenz. Die *Bragg*'sche Gleichung zeigt,

$$2dsin\theta = n\lambda \qquad\qquad (3.3)$$

d: Netzebenenabstand, θ: Abstrahlwinkel, 2dsinθ: Gangunterschied, nλ: Vielfaches der Wellenlänge.

dass monochromatische Strahlung der Wellenlänge λ an Netzebenen mit dem Abstand d nur im Abstrahlungswinkel θ („Glanzwinkel") gebeugt wird und detektiert werden kann.

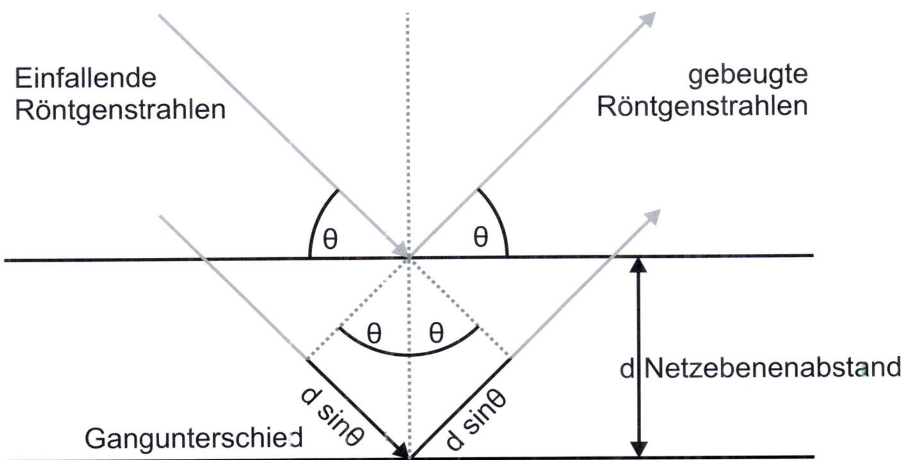

Abbildung 3.4:   *Wechselwirkung der monochromatischen Röntgenstrahlen an den Atomlagen.*

Die relative Intensität der Reflexe ist abhängig von Häufigkeit und Lage der Ebenenscharen zueinander und dem zunehmenden Streuvermögen von Atomen höherer Ordnungszahl.[83]

Das verwendete Diffraktometer nutzt die *Debye-Scherrer*-Geometrie für pulverförmige Proben. Monochromatische Röntgenstrahlung wird auf statistisch verteilte und rotierende mikrokristalline Pulverproben senkrecht eingestrahlt. Einige Netzebenen erfüllen so ständig die *Bragg*'sche Gleichung und interferieren konstruktiv. Die gebeugten Strahlen bilden dabei koaxiale Kegelmäntel mit einem Öffnungswinkel von 4θ. Der Detektor misst die Intensität kleiner Kegelausschnitte.[84]

Die beobachteten Reflexe stellen die Intensitätsmaxima der Strahlen dar. Diese sind stoffspezifisch und abhängig von den Netzebenabständen der Atome in den Kristallen. Das Diffraktogramm wird winkelabhängig in 2θ aufgetragen. Es kann dann mit einer Datenbank, beispielsweise der pdf2-Datenbank der ICDD (International Center for Diffraction Data), verglichen oder die Gitterparameter und gegebenenfalls die Kristallstruktur über *Rietveld*-Analytik bestimmt werden.[83, 85]

Über die Verbreiterung der Reflexe kann zudem nach der *Scherrer*-Gleichung die Kristallitgröße bestimmt werden.

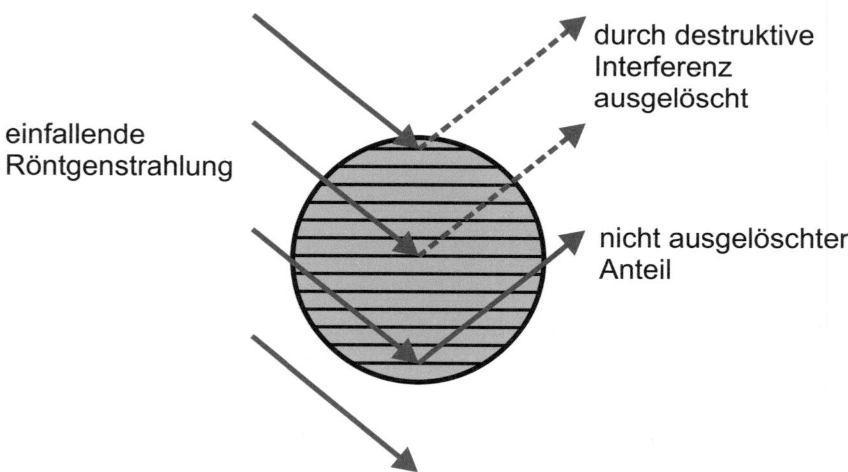

Abbildung 3.5:   *Räumlich begrenzte Netzebenen und ihr Einfluss auf die Unschärfe der unendlichen Näherung von Kristalliten.*

Bei der Kristallitgrößenbestimmung wird ausgenutzt, dass die Netzebenen bei kleinen Kristallitgrößen von kleiner als 100 nm nicht mehr als unendlich angesehen werden können und die Halbwertsbreite der Reflexe nach Korrektur der Geräteverbreiterung von deren Wert abhängig ist.[86]

$$d = \frac{k\lambda}{\beta cos\theta} \tag{3.4}$$

d: Kristallitdurchmesser, k: geometrischer Streufaktor, λ: Wellenlänge der verwendeten Strahlung,
β: substanzabhängige Halbhöhenbreite, θ: Beugungswinkel.

In dieser Arbeit wurde ein *Stadi P* der Firma *Stoe* (Darmstadt) in *Debye-Scherrer*-Geometrie mit *IP-PSD* Detektor verwendet. Als Strahlungsquelle wurde CuK$_{\alpha 1}$-Strahlung genutzt. Kapillarproben wurden in 0,3 mm Glaskapillaren 44 min gemessen. Proben für Transmission wurden auf Natriumacetatplättchen aufgebracht und mit *Scotch Tape Magic*® von *3M* fixiert und über 44 min mit Rotation vermessen. Zur Auswertung wurde die Software *WinXpow 2.06* verwendet.

3.3 Absorptionsspektroskopie

3.3.1 Fourier-Transform-Infrarot-Spektroskopie

Die Infrarotspektroskopie wird in dieser Arbeit zur Identifikation der unbehandelten, nach der Synthese meist amorphen Substanzen, genutzt. Infrarotes Licht (2500-15000 nm entspricht 4000-400 cm^{-1}) wird von Molekülschwingungen und –rotationen absorbiert. Atome mit Bindungen können näherungsweise als Federsystem betrachtet werden. Einzelne Schwingungszustände und Übergänge lassen sich als Potential eines anharmonischen Oszillators bis zum Bindungsbruch beschreiben. Ein Lichtquant sorgt mit einer zur chemischen Bindung charakteristischen passenden Energie für eine Anregung aus dem Schwingungsgrundzustand n in einen höher angeregten Zustand n+1.

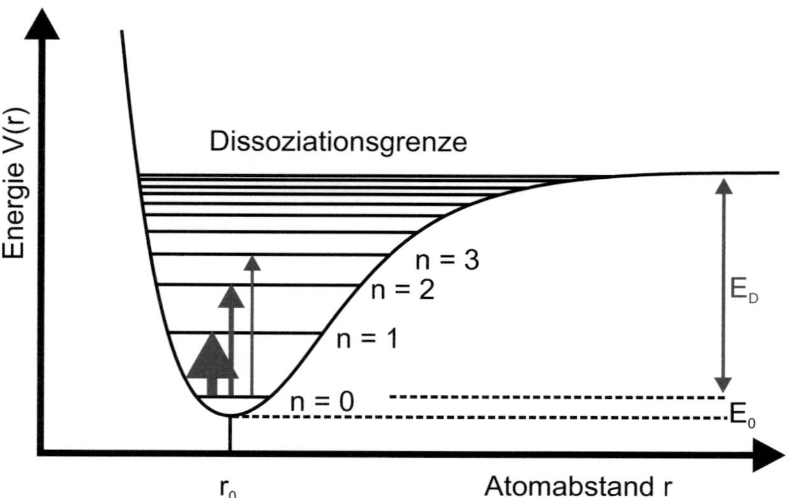

Abbildung 3.6:   *Potentialkurve eines anharmonischen Oszillators. E_0: Nullpunktsenergie, E_d: Dissoziationsenergie, n = x: Energieniveaus. Unterschiedliche Pfeilstärken spiegeln unterschiedliche Übergangswahrscheinlichkeiten wider (modifiziert nach [87]).*

Dabei ist zu berücksichtigen, dass bei der IR-Spektroskopie nur Schwingungen angeregt werden, bei denen sich das Dipolmoment verändert.[87-88]

In dieser Arbeit wurde ein *Vertex 70* FT-IR Spektrometer der Firma *Bruker* (Ettlingen) verwendet. KBr-Presslinge wurden bei 50 kN mit ca. 300 mg KBr und bis zu 3 mg Probensubstanz hergestellt und gegen eine KBr-Referenz unter Schutzgas gemessen. Zur Auswertung wurde die Software *Opus* verwendet.

3.3.2 UV/Vis-Spektroskopie

Die UV/Vis-Spektroskopie misst die Absorption von sichtbarem und ultraviolettem Licht (200 – 800 nm) durch Materie. Ein Lichtquant kann bei Wechselwirkung mit Molekülen oder Halbleitern von diesen absorbiert werden.

Die Energie eines Photons hängt von der Wellenlänge des Lichtes ab.

$$v * \lambda = c \; ; \; E = h * v \qquad (3.5)$$

v: Frequenz, λ: Wellenlänge, c: Lichtgeschwindigkeit, E: Energie, h: Planck'sches Wirkungsquantum.

Bei geeigneter Frequenz v kann Licht von einem Molekül im Grundzustand Ψ_0 absorbiert werden, wobei das Molekül in einen angeregten Zustand Ψ_1 übergeht.

$$\Delta E = E(\Psi_1) - E(\Psi_0) = h * v \qquad (3.6)$$

ΔE: Energiedifferenz, $E(\Psi_x)$: Zustandsenergie, h: Planck'sches Wirkungsquantum, v: Frequenz.

Anschließend kann das Molekül wieder spontan oder durch Lichtwellen stimuliert in den Grundzustand übergehen.

Die Anregungsenergie in den ersten angeregten Zustand S_1 ist deutlich kleiner als die Energiedifferenz zwischen HOMO und LUMO (**Abbildung 3.7**) Die Differenz entsteht durch Elektronenwechselwirkungen wie Coulomb-Term J und Austausch-Term $2K$.

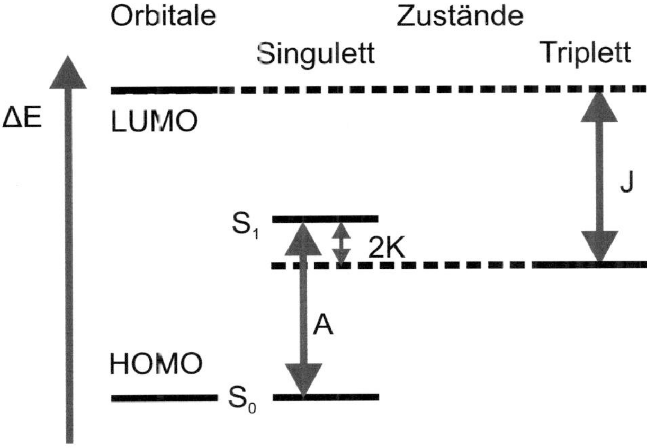

Abbildung 3.7: *Energieschema des Elektronenübergangs zwischen HOMO und LUMO (modifiziert nach [87]).*

Die Übergangswahrscheinlichkeit wird durch unterschiedliche Faktoren bestimmt. So darf sich der Gesamtspin S bei einem Übergang nicht ändern. Die *Laporte*-Regel besagt, dass sich die Symmetrie der elektronischen Wellenfunktion beim Übergang ändern muss. Insbesondere bei Charge-Transfer-Übergängen ist zu beachten, dass sich die Orbitale überlappen. Verbotene Übergänge treten mit geringer Wahrscheinlichkeit auf.

Moleküle haben, verglichen mit Atomen, wegen Überlagerung ihrer Schwingungs- und Rotationsniveaus breite Energiebereiche, in denen Absorption erfolgt.

$$E_{ges} = E_{elektr.} + E_{vibr.} + E_{rot.} \tag{3.7}$$

Der elektronische Übergang wird bestimmt durch

$$\Delta E_{ges} = \Delta E_{elektr.} + \Delta E_{vibr.} + \Delta E_{rot.} \tag{3.8}$$

wobei

$$\Delta E_{elektr.} \gg \Delta E_{vibr.} \gg \Delta E_{rot.} \tag{3.9}$$

Innerhalb eines elektronischen Zustandes kommt es zu strahlungsloser Relaxation R. Das *Jablonski*-Schema zeigt die möglichen Übergänge.

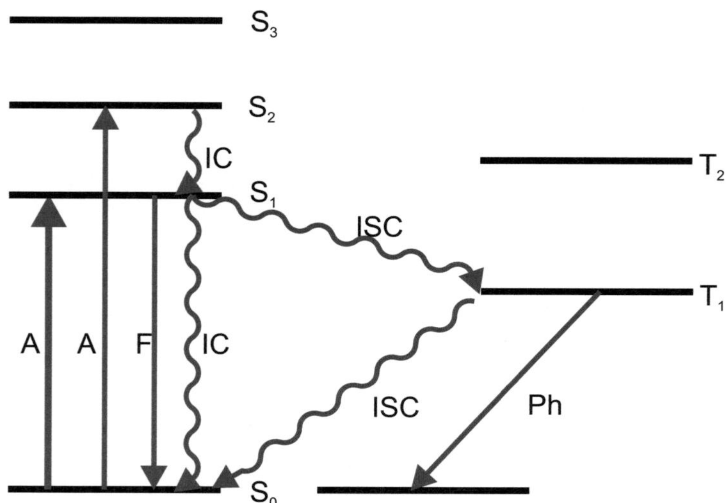

Abbildung 3.8: *Jablonski-Termschema mit Elektronenkonfiguration. A: Anregung durch Absorption,*
F: Fluoreszenz, Ph: Phosphoreszenz als Strahlungsprozesse. IC: Internal Conversion, ISC: Intersystem Crossing
als strahlungslose Prozesse (modifiziert nach [87]).

Die Absorption eines Lichtstrahls der Intensität I_0 durch ein Medium der Schichtdicke d lässt
sich beschreiben durch

$$I = I_0 - I_{abs} \qquad (3.10)$$

Mit den Inkrementen der Schichtdicke wird erhalten

$$dI = -\alpha * I dx \qquad (3.11)$$

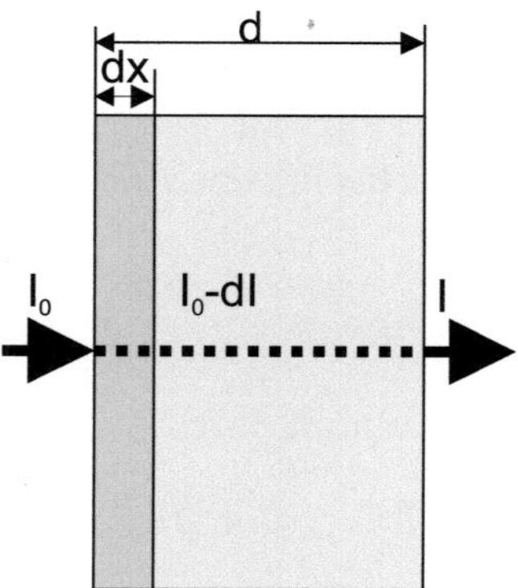

Abbildung 3.9: *Veranschaulichung des Absorptionsintegrals (modifiziert nach [87]).*

Über Umformung und Integration wird erhalten

$$I = I_0 * e^{-\alpha d} \qquad (3.12)$$

Als charakteristischen Absorptionskoeffizienten kann in verdünnten Lösungen ersetzt
werden durch *2,303*ε*c,* wobei

$$A = log\frac{I_0}{I} = \varepsilon * c * d \qquad\qquad (3.13)$$

mit der Absorption A und der Schichtdicke d in cm sowie der Konzentration c in mol/L und dem molaren Absorptionskoeffizienten ε in cm²/mmol. Dies ist das *Lambert-Beer*'sche Gesetz, das sich auf monochromatisches Licht in verdünnten Lösungen anwenden lässt.[87]

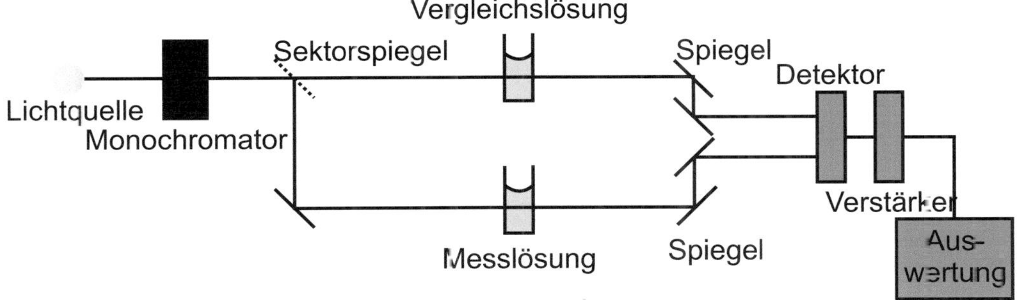

Abbildung 3.10: *Schemazeichnung eines Zweistrahlspektrometers.*

In dieser Arbeit wurde ein Zweistrahlspektrometer *Cary Scan 100* der Firma *Varian* (Darmstadt) genutzt. Zur Messung der UV/Vis Spektren wurden die Software *Cary Scan* und Quartzglasküvetten 6Q von *Starna* (Pfungstadt) verwendet. Stark verdünnte Lösungen wurden zur Minimierung von Rauschen mit deutlich erhöhter Messzeit gemessen.

3.3.3   Fotolumineszenzspektroskopie

In der Fotolumineszenzspektroskopie wird die Emission von Licht aus mit Licht angeregter Materie detektiert. Die UV/Vis-Spektroskopie beschreibt die grundlegenden Mechanismen der Absorption und Emission von Licht. Emittiertes Licht ist, abgesehen von Zwei-Photonenprozessen, immer langwelliger als absorbiertes Licht. Dieser Effekt wird *Stokes*-Shift genannt und beruht darauf, dass bei Fluoreszenz Lichtquanten aus dem Rotationsgrundzustand des angeregten Zustandes emittieren. Die vorangegangene Relaxation ist strahlungslos.

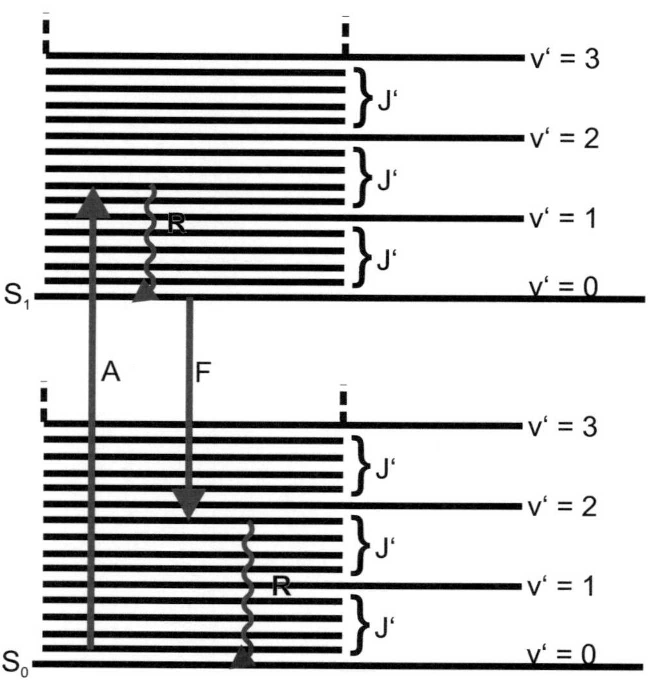

Abbildung 3.11: *Termschema mit A: Absorption einer energiereichen Strahlung, R: strahlungslose Relaxation zum Grundniveau, F: Fluoreszenz mit Stokesshift (modifiziert nach [87]).*

Der Messaufbau unterscheidet sich von dem eines UV/Vis-Spektrometers dahingehend, dass die Emission des Lichts im rechten Winkel zum Strahlengang der Emission gemessen wird und ein zusätzlicher Monochromator hinter der Probe eine wellenlängenspezifische Messung des emittierten Lichtes erlaubt.[87] Dabei wird anstelle von Lichtabsorption der Probe die Lichtemission der Probe untersucht.

In dieser Arbeit wurde ein Fluoreszenzspektrometer *Spex Fluorolog 3* der Firma *Horiba Jobin Yvon* (Paris) verwendet.

3.4   Dynamische Lichtstreuung

Die dynamische Lichtstreuung (DLS) ermöglicht es, den hydrodynamischen Radius von kleinen suspendierten Partikeln, Mizellen oder gelösten Makromolekülen (Proteine etc.) zu bestimmen. Die DLS wird auch als Photonen-Korrelationsspektroskopie (PCS) und Quasielastische Lichtstreuung (QELS) bezeichnet.

Die Suspension oder Lösung wird mit kohärentem Licht aus einem Laser mit fester Wellenlänge bestrahlt. Dabei streuen die Teilchen der Suspension das Licht (*Rayleigh*-Streuung). In einem definierten Winkel (173°) führt die Überlagerung der Sekundärwellen zu einem charakteristischen Interferenzmuster. Vergleichbar ist dieser Effekt mit der Beugung am Gitter nach dem *Bragg*'schen Gesetz. Bei DLS liegen die Streuzentren jedoch nicht auf Gitterebenen, sondern in Bereichen sinusförmig wechselnder Dichte (Konzentrationswellen).[89]

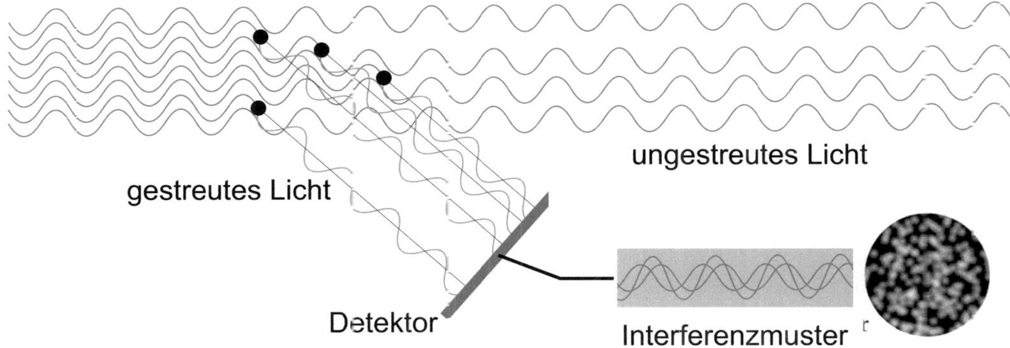

Abbildung 3.12: *Lichtstreuung an kleinen Partikeln. Schemazeichnung der Physik von DLS (modifiziert nach [89]).*

Eine Unterscheidung zwischen Partikelstreuung und Umgebungslicht ist nur bei ausreichend unterschiedlichem Brechungsindex möglich, da die Streulichtintensität quadratisch proportional zur Brechungsindexdifferenz ist. Bei Bewegung der Teilchen relativ zur Richtung der ausgesandten Lichtwelle kommt es wegen des *Doppler*-Effekts zu einer Frequenzverschiebung der Lichtwelle. Laserlicht liefert wegen seines engen Frequenzbandes ideale Bedingungen zur Messung dieser Verschiebungen. Das erzeugte Interferenzmuster fluktuiert mit der Zeit, da sich die Partikel bewegen und sich so an unterschiedlichen Positionen befinden. Die Änderungsrate des Musters ist abhängig von der Diffusionsgeschwindigkeit der Partikel.

Die Diffusionsgeschwindigkeit ist abhängig von der Viskosität des Dispersionmittels, wobei eine hohe Viskosität die Partikel bremst, der Temperatur des Mediums, da sich temperaturabhängig dessen Viskosität ändert und die *Brown*'sche Molekularbewegung der Partikel zunimmt. Weiterhin besteht eine Abhängigkeit von der Partikelgröße, wobei große Partikel langsamer diffundieren als kleine.[90]

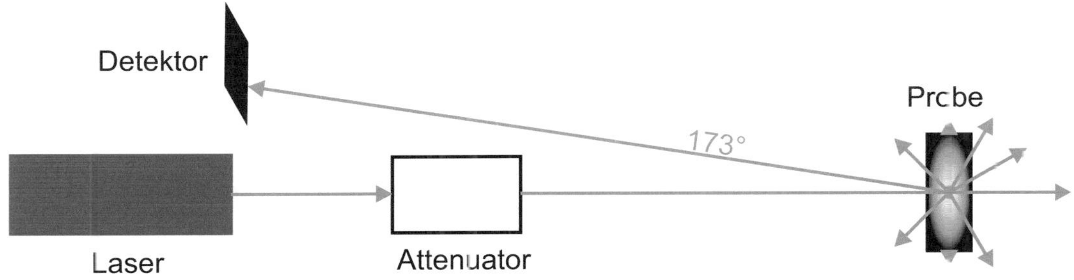

Abbildung 3.13: *Geräteaufbau eines DLS-Messgeräts (modifiziert nach [89]).*

Die Partikelgröße wird bestimmt über die Diffusionsgeschwindigkeit. Dazu wird die Intensität des Streulichts über die Zeit gemessen (optisches *Doppler*-Shift-Spektrum). Über eine *Fourier*-Transformation kann aus dem Frequenzspektrum die Korrelationsfunktion mit hoher Auflösung bestimmt werden. Sie stellt die Höhe der Unterschiede des Ausgangszustandes zum Zeitpunkt (t) und der Partikelanordnung zum Zeitpunkt (t+τ) (mit τ = 10^{-9}-10^{-6} s) dar. Mit zunehmendem Zeitabstand ändert sich das Intensitätsmuster zunehmend, die Korrelationsfunktion wird null. Bei höherem Diffusionsvermögen der Partikel strebt diese Funktion schneller gegen Null.[89]

Der Partikelradius *r* lässt sich über die *Stokes-Einstein*-Gleichung, abhängig von Temperatur und Viskosität, berechnen.[91]

$$r = \frac{kT}{6\pi\eta D} \qquad\qquad (3.14)$$

r: Teilchenradius, k: Boltzmann-Konstante, T: Temperatur, η: Viskosität, D: Diffusionskoeffizient.

Durch Überlagerung mehrerer Exponentialfunktionen zu einer Korrelationsfunktion kann für jede Partikelgröße eine eigene Exponentialfunktion verwendet und eine Partikelgrößenverteilung aufgestellt werden.

Es ist zu beachten, dass die Partikel in Lösung fast frei rotieren können und so der Gyrationsradius (Projektion der Partikelrotation) gemessen wird. Dieser ist nur für sphärische Partikel identisch mit der Partikelform. Außerdem muss beachtet werden, dass sich die Partikel nicht frei im Medium bewegen, sondern von einer Solvathülle und gegebenenfalls einem Stabilisator umgeben sind, die sich zusammen mit dem Partikel bewegen und so die Diffusionsrate reduzieren. Es wird also ein größerer hydrodynamischer Radius als der der Partikelgröße entsprechender gemessen.[92]

Durch Verwendung der *Mie*-Theorie lässt sich die Intensitätsverteilung in eine Volumenverteilung und daraus eine Anzahlverteilung berechnen. Die Streuintensität kleiner Partikel ist deutlich kleiner als die großer, darum sind kleine Partikelgrößenzahlen stärker fehlerbehaftet, Partikel unterhalb bestimmter Radien tauchen gar nicht auf.[93]

Die Konzentration der Partikel sollte für Partikel im Bereich mit einem Durchmesser im Bereich von 100 nm bis 1 µm bei 10^{-3} Gew.-% und für Partikel kleiner 100 nm maximal 5 Gew.-% betragen, da bei zu hohen Konzentrationen die *Brown*'sche Teilchenbewegung nicht mehr teilchenunabhängig möglich ist und Licht mehrfach gestreut wird.[89]

In dieser Arbeit wurde zur Bestimmung der Partikelgrößenverteilung ein *Zetasizer Nano ZS* der Firma *Malvern Instruments* (Herrenberg) mit einem He-Ne-Laser (633 nm) verwendet. Die Messungen wurden im Winkel von 173° bei 20 °C in Quarzglasküvetten der Firma *Starna* (Herrenberg) gemacht. Zur Auswertung wurde die *Dispersion Tech Software 7.11 (Malvern Instruments)* genutzt.

3.5 Zetapotential

Das Zetapotential ist ein Maß für die Oberflächenladung von Partikeln und wird häufig in Abhängigkeit des pH-Werts gemessen.

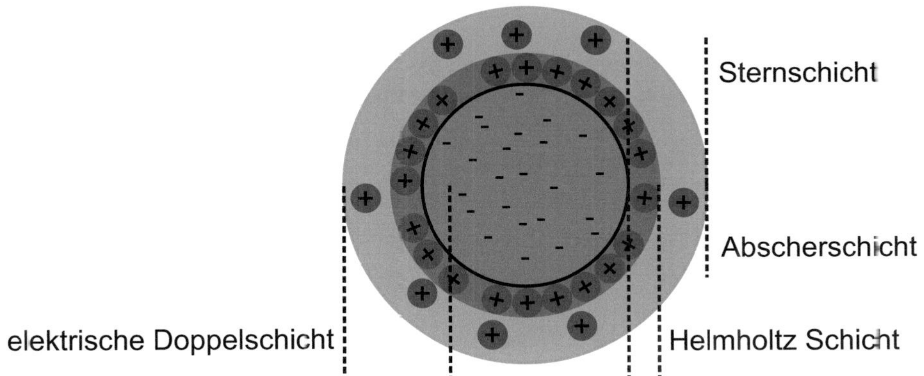

Abbildung 3.14: *Schemazeichnung eines Nanopartikels mit negativ geladener Oberfläche und Gegenionen.*

Geladene Partikel haben eine Ionenhülle aus Gegenionen. Diese wird bei Partikelbewegung abgeschert und führt so zu einer Ladung an der Schergrenzfläche zwischen fest in der *Helmholtz*-Doppelschicht und diffus gebundenen Gegenionen, dem Zetapotential. Das Zetapotential lässt sich mittels Laser-*Doppler*-Elektrophorese messen. Dabei wird die Partikelgeschwindigkeit in einem elektrischen Feld analog zur dynamischen Lichtstreuung gemessen. Aus der elektrophoretischen Beweglichkeit der Partikel lässt sich das Zetapotential berechnen.[89, 94]

Die Zetapotentialmessungen wurden mit einem *Zetasizer Nano ZS* der Firma *Malvern Instruments* (Herrenberg) durchgeführt. Zur Titration der pH-abhängigen Messungen wurden 0,1 M Natronlauge und 0,1 M Salzsäure benutzt, die über einen Autotitrator *MPT-2* (*Malvern Instruments,* Herrenberg) zugegeben wurden. Als Küvetten dienten „folded capilary zeta cuvettes".

3.6 Stickstoffadsorption

Mit der Stickstoffadsorption lässt sich nach BET (*Brunauer, Emmett* und *Teller*) die spezifische Oberfläche einer Probe bestimmen. Nach *Barret, Joyner* und *Halenda* (BJH) kann zusätzlich die Porengröße von porösen Proben bestimmt werden. Bei nicht porösen Proben kann aus der Oberfläche sphärischer Partikel auf die mittlere Partikelgröße geschlossen werden.[30]

$$d = \frac{6}{\rho \, A_{BET}} \qquad\qquad (3.15)$$

d: Partikeldurchmesser, ρ: Probendichte, A_{BET}: spezifische Oberfläche.

Zur Messung wird die Probe getrocknet, evakuiert und mit flüssigem Stickstoff auf 77 K gekühlt. Anschließend wird langsam jeweils bis zum Gleichgewichtsdruck (p_0) gasförmiger Stickstoff auf die Probe gegeben. Durch die Kühlung werden die Molekülschwingungen des Stickstoffs soweit reduziert, dass die größtmögliche Anzahl von Molekülen an die Oberfläche adsorbieren kann. Die Menge des adsorbierten Gases ist proportional zur Probenoberfläche. Sie wird bestimmt aus der Druckdifferenz zwischen Dosier- und Gleichgewichtsdruck. Anschließend wird der Prozess umgekehrt und die Desorption beobachtet. Wird die adsorbierte bzw. desorbierte Sickstoffmenge gegen den Relativdruck p/p_0 aufgetragen, so wird die Adsorptions- bzw. Desorptions-Isotherme erhalten. Über lineare Regression wird die spezifische Oberfläche A_{BET} errechnet. Bei sehr kleinen Partikeln und dichter Packung kann es zu starker Agglomeration kommen, wodurch die spezifische Oberfläche deutlich von der gemessenen abweicht.

In dieser Arbeit wurde mit einem *BELSORP MINI (BEL JAPAN INC.*, Osaka) mit N_2 bei 77 K an pulverförmigen, getrockneten Proben gemessen.

3.7 CHNS-Verbrennungsanalytik

Mit der CHNS-Verbrennungsanalytik können durch Verbrennung von ca. 2 mg Probensubstanz bei 1150 °C die gasförmigen Zersetzungsprodukte analysiert werden. Diese werden an einem Kupfer- oder Wolframkatalysator oxidiert, NO_x wird zu Stickstoff reduziert. In einer Adsorptionssäule werden die Gase (CO_2, N_2, H_2O, SO_2) adsorbiert und durch anschließendes schrittweises Hochheizen desorbiert. Dadurch lässt sich der Gehalt an Kohlenstoff, Wasserstoff und Stickstoff in der Analysensubstanz über Leitfähigkeitsmessungen bestimmen. Schwefel wird als SO_2 über einen IR-Detektor detektiert. Probleme mit den Messwerten können sich, vor allem in der Anorganischen Chemie, aus schwerflüchtigen stabilen Salzen wie Sulfaten oder Phosphaten ergeben, die im Aschefinger fest zurückbleiben und so nicht der Analytik zugeführt werden.[95]

Elementaranalysen wurden von *Nicole Klaassen* (AK Feldmann, KIT) an einem *Vario Micro* Cube der Firma *Elementar* (Hanau) durchgeführt.

3.8 Thermogravimetrische Analytik

Bei der thermogravimetrischen Analyse (TGA) werden Gewichtsänderungen der Probensubstanz in Abhängigkeit von der Temperatur gemessen. Diese Gewichtsänderung beruht auf dem Verlust von Masse der festen bzw. flüssigen Probe in die Gasphase beim Erwärmen. Der Masseverlust im Probenteller kann durch Zersetzungsreaktionen, Dehydratation, Trocknung unter Inertgasatmosphäre oder auch durch Sauerstoffoxidation unter Luft oder Sauerstoffatmosphäre, bei der es auch zu Massezunahmen kommen kann, zustande kommen.[95-96]

Typische Reaktionen mit Masseänderungen in der Anorganischen Chemie sind der Verlust von Wasser- oder Kohlenstoffdioxidmolekülen durch Umwandlung in Oxide oder unter Luft die Oxidation von Metallen zu Oxiden oder von Sulfiden zu Sulfaten.

Bei dem in dieser Arbeit verwendeten Gerät werden zwei Tiegel aus Korund gemeinsam erwärmt, ihre Gewichtsdifferenz wird gemessen. Ein Tiegel ist Referenz, in den anderen wird die Probensubstanz eingewogen. Die beim Erwärmen auftretenden Gewichtdifferenzen können absolut oder relativ zur Probenmenge aufgetragen werden. Dabei ergeben sich für die Substanzen die ihrer Morphologie charakteristischen Kurven. Im Idealfall lassen sich einzelne Stufen der Gewichtsverluste des Feststoffs einzelnen Zersetzungsreaktionen zuordnen. Die Produkte aus der TGA sind durch das Erhitzen bis ca. 1000 °C mit erhöhter Wahrscheinlichkeit kristallin und lassen sich so gut durch Pulverdiffraktometrie untersuchen.

In dieser Arbeit wurde ein *STA409C* von *Netzsch* (Selb) verwendet. Die im Vakuum getrockneten Proben (ca. 15 mg) wurden im Korundtiegel mit einer Heizrate von 10 K/min auf 1000 °C erhitzt.

3.8.1 Thermogravimetrische Analytik gekoppelt mit Fourier-Transformations-Infrarotspektroskopie

Zur Unterstützung der Zuordnung einzelner Zersetzungsstufen oder von Reaktionsprodukten können die entwickelten Gase in einem gekoppelten IR-Spektrometer untersucht werden. Dabei entsteht ein dreidimensionaler Graf, in dem zu jeder Temperatur das korrelierende IR-Spektrum aufgenommen wird. Bei charakteristischen Spektren von Gasen wie Wasser oder Kohlenstoffdioxid lassen sich so Zersetzungsstufen in der TGA zweifelsfrei zuordnen.

Die TG/IR-Kopplung wurde in dieser Arbeit mit einem *Bruker TGA/IR 588* der Firma *Bruker* (Ettlingen) durchgeführt.

3.9 Konfokalmikroskopie

Die Konfokalmikroskopie erlaubt es, dünne Schichten eines Präparats (z.B. Zellen) selektiv mit hohem Kontrast abzubilden. Dazu wird ein feiner Lichtpunkt einer Quelle, zumeist eines Lasers, auf eine Stelle der Probe fokussiert. Dann wird mit diesem Lichtpunkt die Probe abgerastert.[97]

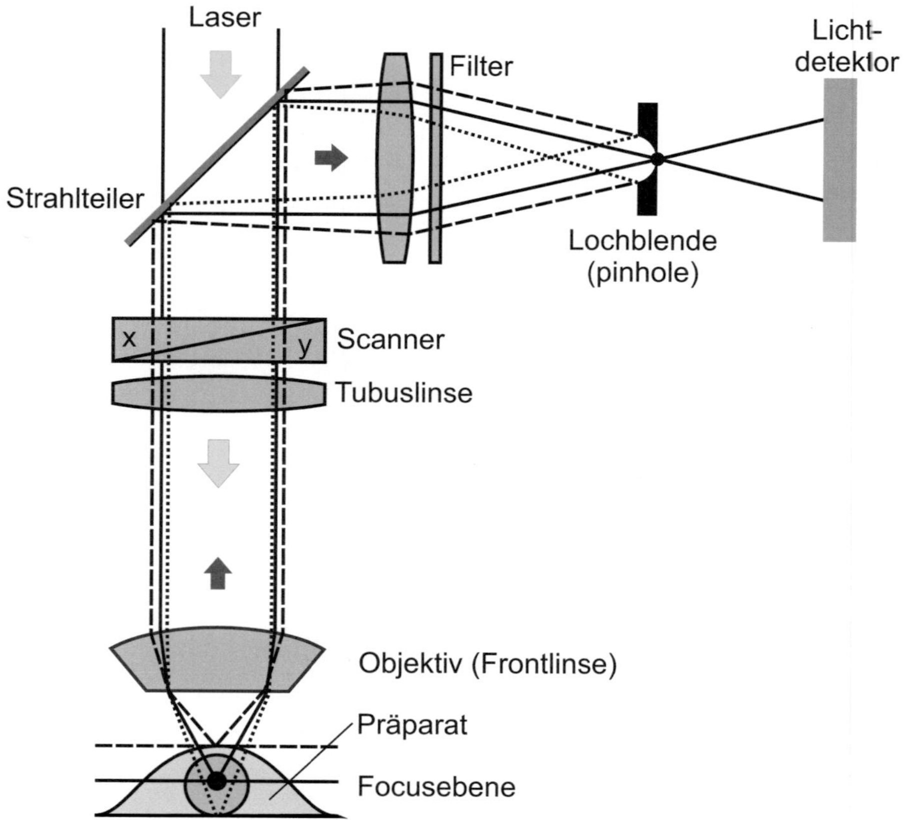

Abbildung 3.15: *Schemazeichnung eines Konvokalmikroskops (modifiziert nach [97]).*

3.10 *In vitro* Untersuchungen

3.10.1 Mikroskopische Aufnahmen

Mit einem Konfokalmikroskop wurden Bilder der Zellen und der Verteilung von Partikeln in den Zellen aufgenommen. 2×10^4 *HeLa*-Zellen wurden in jede Vertiefung einer 8-well µslide von IBIDI (*Ibitreat*, Martinsried) pipettiert und in DMEM (Dulbeccos Modified Eagles's Nährmedium), angereichert mit fetalem Kälberserum (FCS, PAA) und 1 U/mL Penicillin/Streptomycin bei 37 °C, 5% CO_2 kultiviert.

3.10.2 Zellviabilität über MTT-Test

Die Zellviabilität wird über Farbänderung in den Zellen gemessen. In den lebenden Zellen wird der gelbe Tetrazoliumfarbstoff 3-(4,5-Dimethylthiazol-2-yl)-2,5-diphenyltetrazolium-bromid (MTT) durch die Succinatdehydrogenase der Mitochondrien zu blauviolettem wasserunlöslichem Formazan reduziert. Das Formazan wird photometrisch quantifiziert. So ist eine direkte Quantifizierung der Zellviabilität möglich. *HeLa-* und *HepG2*-Zellen wurden in 96-well plates mit einer Dichte von 10^{40} Zellen/well ausgebracht und bei 37 °C und 5% CO_2 kultiviert. Die Zellen wurden mit $DXR@Gd_2(CO_3)_3$ (Doxorubicin in Gadoliniumcarbonat-Hohlkugeln) in unterschiedlichen Konzentrationen für 72 h inkubiert und mit unbehandelten Kontrollen und Kontrollgruppen mit 5 µL Triton X-100 verglichen. Nach der Exposition wurden 15 µL der MTT-Lösung zu jedem well zugegeben und für weitere 3,5 h inkubiert, anschließend wurde die Reaktion durch Zugabe von 100 µL Lysis-Puffer gestoppt. Am nächsten Tag wurde die Absorption des umgesetzten Farbstoffes bei 595 nm im Photometer (*Ultra Microplate Reader ELx808* von *BioTEK* Instruments) gemessen. Die Messungen wurden durchgeführt von *Dr. Carmen Seidl* (CBZ, KIT) bei *Prof. Dr. Ute Schepers.*

4 Experimentelle Methoden

4.1 Spezielle Arbeitstechniken

Arbeiten unter Schutzgas. Arbeiten mit luftempfindlichen Substanzen werden unter Schutzgas, Argon oder Stickstoff, durchgeführt. Zur Arbeit an der Schlenk-Schutzgasanlage, ausgestattet mit *Young*-Hähnen (*J. Young*, Berkshire, UK) und einer Vakuumpumpe (*Vakubrand* Drehschieber-Vakuumpumpe RZ-G) (p < 10^{-3} mbar), werden alle Kolben dreimalig mit dem Bunsenbrenner ausgeheizt und mit Stickstoff geflutet. Der flüssige Stickstoff wird in der Hausanlage gasförmig und über Trockentürme mit Blaugel, Kaliumhydroxid, Molsieb (4 Å) und Phosphorpentoxid getrocknet. Zum Einwiegen und Verarbeiten von Feststoffen wird eine Glovebox des Typs *UNILAB* der Firma *Braun* ($O_2/H_2O < 0,1$ ppm) verwendet.

Spezielle Geräte. Zur Kühlung der Synthesen wird ein *Julabo FP 50 Kryostat* benutzt. Dieser kühlt im Durchfluss über mehrere Kupferspiralen bis zu vier Ölbäder auf eine Temperatur von 20±0,5 °C.

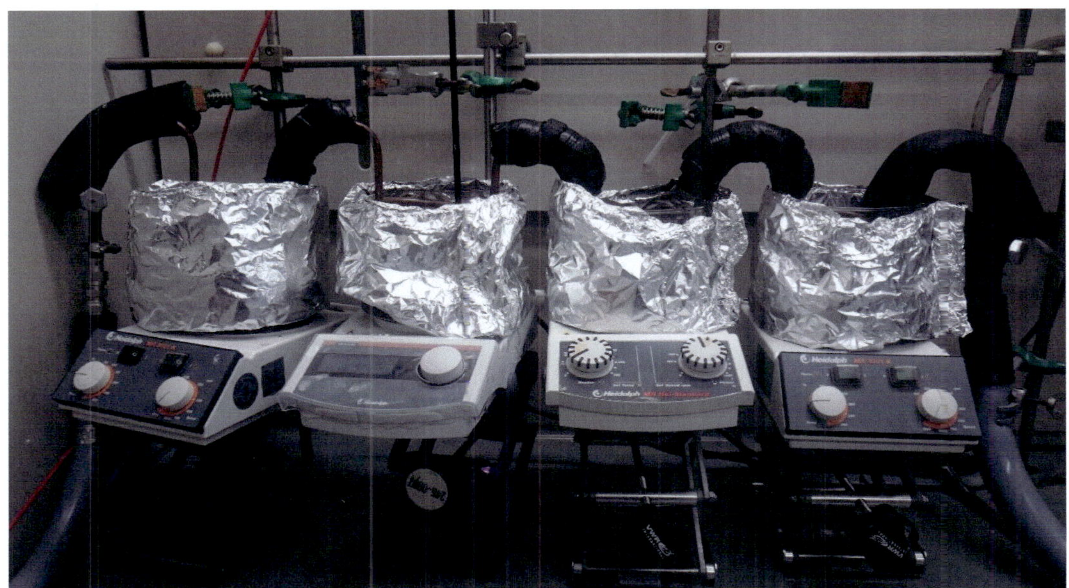

Abbildung 4.1: *Temperierbad für bis zu vier Reaktionen gleichzeitig.*

Zur Resuspendierung von Nanopartikeln wird ein Ultraschallbad *Bandelin Sonorex* verwendet.

Probenpräparation für die Biologie. Proben für Zelltests müssen steril sein. Dazu wird eine 2,5 Gew.-%-ige Dextranlösung im abgedeckten Erlenmeyerkolben unter Rühren für

10 min abgekocht. Die aus Ethanol abzentrifugierten Partikel werden im Zentrifugenrohr mit der Dextranlösung über eine sterile Kanüle versetzt. Bei diesem Schritt wird in der Nähe des Bunsenbrenners (Aufwindbereich) gearbeitet. Die Bunsenbrennerflamme erzeugt durch Hitze und UV-Strahlung einen Bereich mit steriler Atmosphäre. Anschließend wird durch extensives Rühren für 10 min und 10 min Behandlung durch Ultraschall im Ultraschallbad resuspendiert. Es entsteht eine über Wochen stabile Suspension. Diese wird in durch Erhitzen sterilisierte Kulturröhrchen in Bunsenbrennernähe umgefüllt und im Kühlschrank dunkel gelagert.

Bestimmung der Freisetzungsrate von Doxorubicin aus Hohlkugeln über einen Dialyseschlauch. Ein Dialyseschlauch (*ZelluTrans, Carl Roth*, regenerierte Zellulose, MWCO: 3500, 25 µm Wandstärke, ca. 6 cm) wird nach Herstellerangaben in EDTA und demineralisiertem Wasser gereinigt und mit 5 ml probenhaltiger Dextranlösung (2,5 Gew.-%) befüllt, verschlossen und in einem 800 ml Becherglas in 100 ml Pufferlösung (Citrat- (pH 4-6) oder Carbonat- (pH 7/7,4) Puffer) vollständig eingetaucht. Unter mäßigem Rühren bei der gewünschten Temperatur (20 °C / 37 °C) wird die Doxorubicinkonzentration kontinuierlich bei fester Wellenlänge (pH-abhängig) im UV/Vis-Spektrometer mit Durchflussküvette und Schlauchpumpe gemessen (**Abbildung 4.2**).

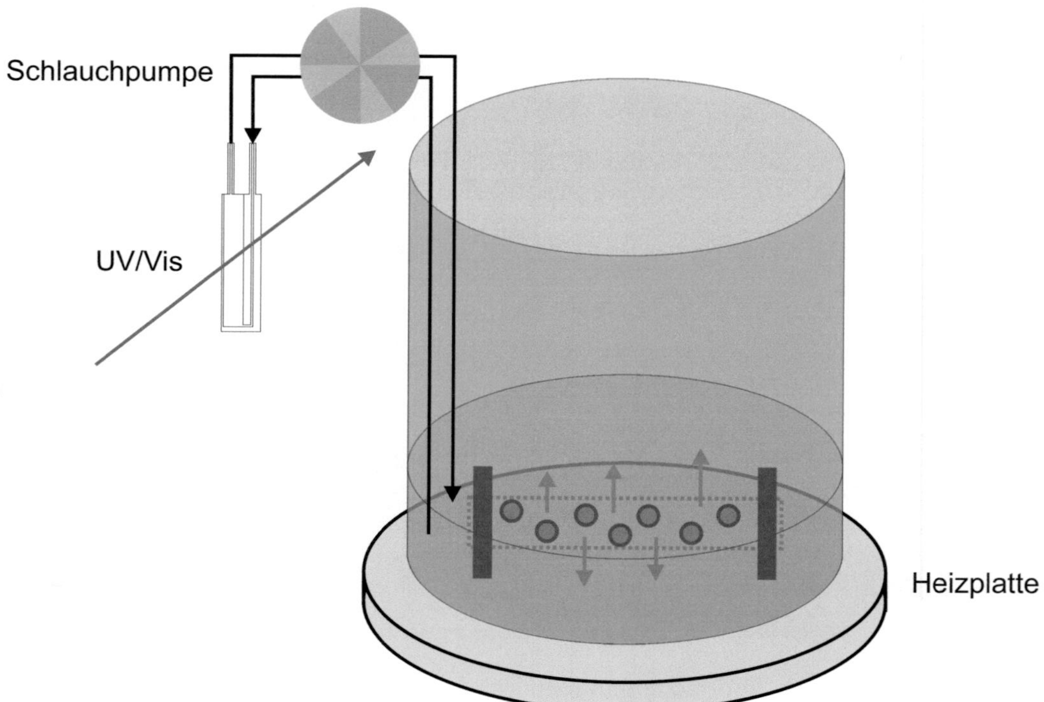

Abbildung 4.2: *Freisetzung von Doxorubicin (lila) aus den Hohlkugeln (schwarze Ringe) durch einen Dialyseschlauch (gepunktet). Die Messung der Doxorubicinkonzentration im UV/Vis (links).*

Bestimmung der Freisetzungsrate von Doxorubicin aus Hohlkugeln über Zentrifugenexperimente. Es werden acht Zentrifugenrohre mit jeweils 1 ml probenhaltiger Dextranlösung und 3 ml Pufferlösung (s.o.) gefüllt, im Temperierbad auf konstanter Temperatur gehalten, der Inhalt wird leicht gerührt. Nach unterschiedlichen Zeiten werden die Suspensionen abzentrifugiert. Im Überstand wird die Doxorubicinkonzentration UV/Vis-spektroskopisch bestimmt.

4.2 Synthese und Trocknung der Edukte

n-Dodekan wird über Natrium und Benzochinon getrocknet und unter Stickstoffatmosphäre abdestilliert. Die Herstellung von Barium(II)-bis(pentamethylcyclopentadienyl), Blei(II)-bis(pentamethylcyclopentadienyl), Calcium(II)-bis(pentamethylcyclopentadienyl) erfolgte nach *Williams et al.*[98-99] aus Kaliumpentamethyl-cyclopentadienyl und Barium-, Blei-, Calcium-Iodid. Kaliumpentamethylcyclopentadienyl wurde unter Schutzgas hergestellt aus stöchiometrischen Mengen Kalium und Pentamethylcyclopentadien. Kupfer-tris(triphenylphosphin)chlorid wurde hergestellt nach *P. Leidinger*.[63]

4.3 Synthesevorschriften

Wasser-in-Öl-Mikroemulsion. Zur Herstellung der W/O-Mikroemulsion wird 1,82 g (5 mmol) Cetyltrimethylammoniumbromid (CTAB) als Tensid und 5 ml (40 mmol) 1-Hexanol als Cotensid in 50 ml (220 mmol) n-Dodekan unter starkem Rühren (1400 rpm) in einem 100 ml Dreihalskolben suspendiert. Die Suspension wird im Ölbad für temperatursensible Reaktionen temperiert. Anschließend werden 2 ml (111 mmol) entmineralisiertes Wasser, das durch Natriumhydroxid Lösung auf einen pH-Wert von 12 eingestellt wurde, zur trüben Suspension zugegeben. Gegebenenfalls sind in dieser Lösung Wirk- oder Farbstoffe gelöst. Dadurch entsteht innerhalb von 15 min eine klare isotrope Emulsion. Unter fortgesetztem starkem Rühren mit Trichterbildung der Flüssigkeit wird auf Raumtemperatur erwärmtes Kohlenstoffdioxid gasförmig für 20 min mit mäßigem Fluss (2 Blasen/s) übergeleitet.

Gadoliniumcarbonat-Hohlkugeln. Zur Synthese von $Gd_2(CO_3)_3$-Hohlkugeln wird zur oben beschriebenen etablierten W/O-Mikroemulsion bei 25 °C nach CO_2-Zugabe 100 mg (0,19 mmol) Gadolinium(III)-tris(tetramethylcyclopentadienyl), suspendiert im Ultraschallbad für 1 h in 10 ml getrocknetem Dodekan, schnell zugegeben. Anschließend wird unter CO_2-Atmosphäre für 14 h gerührt und danach bei 25000 rpm über 15 min abzentrifugiert. Der Überstand wird der Rückgewinnung zugeführt. Der feste Rückstand wird dreimal mit je 60 ml Ethanol gewaschen, bei 25000 rpm abzentrifugiert und im Ultraschallbad resuspendiert. Die Partikel werden in ethanolischer Suspension aufbewahrt.

Magnesiumcarbonat-Hohlkugeln. Die Synthese von $MgCO_3$-Hohlkugeln wird analog der Synthese der $Gd_2(CO_3)_3$-Hohlkugeln durchgeführt. Als Precursor wird 0,6 ml 1 M Magnesium-di-*n*-butyl Lösung in Heptan eingesetzt. Die Temperatur wird mit einem Kryostaten über die gesamte Reaktionsdauer bei genau 20 °C gehalten, auch das CO_2-Gas wird durch eine Metallspirale auf diese Temperatur gebracht.

Magnesiumoxid-Partikel werden über Erhitzen auf 600 °C für 72 h im Ofen unter dynamischer Stickstoffatmosphäre aus Magnesiumcarbonat-Hohlkugeln hergestellt.

Bariumcarbonat-Partikel. Die Synthese von $BaCO_3$-Kugeln wird analog der Synthese der $Gd_2(CO_3)_3$-Hohlkugeln bei 20 °C durchgeführt. Als Precursor werden 100 mg (0,25 mmol) Barium(II)-bis(pentamethylcyclopentadienyl) verwendet.

Bleicarbonat-Partikel. Die Synthese von $PbCO_3$-Kugeln wird analog der Synthese der $Gd_2(CO_3)_3$-Hohlkugeln bei 20 °C durchgeführt. Als Precursor werden 50 mg (0,10 mmol) Blei(II)-bis(pentamethylcyclopentadienyl) verwendet.

Calciumcarbonat-Partikel. Die Synthese von $CaCO_3$-Kugeln wird analog der Synthese der $Gd_2(CO_3)_3$-Hohlkugeln bei 20 °C durchgeführt. Als Precursor werden 50 mg (0,16 mmol) Calcium(II)-bis(pentamethylcyclopentadienyl) verwendet.

Calciumfluorid-Partikel. Zur Synthese von CaF_2-Partikeln werden zur polaren Phase der oben beschriebenen etablierten W/O-Mikroemulsion 0,1 ml gesättigte Kaliumfluoridlösung zugegeben. Die Temperatur wird konstant bei 20 °C gehalten. Nach 10 minütigem Rühren werden 100 mg (0,32 mmol) Calcium(II)-bis(pentamethylcyclopentadienyl), suspendiert im Ultraschallbad für 1 h in 10 ml getrocknetem Dodekan, schnell zugegeben. Anschließend wird für 14 h gerührt und danach bei 25000 rpm über 15 min abzentrifugiert. Der Überstand wird der Rückgewinnung zugeführt. Der feste Rückstand wird dreimal mit je 60 ml Ethanol gewaschen, bei 25000 rpm abzentrifugiert und im Ultraschallbad resuspendiert. Die Partikel werden in ethanolischer Suspension aufbewahrt.

Alternative Calciumfluorid-Partikel werden bei 10 °C analog zur oben genannten Synthese hergestellt, oder es wird als Precursor 100 mg (0,32 mmol) Calcium-2-ethylhexanoat verwendet.

Gadoliniumfluorid-Partikel werden analog der Synthese der CaF_2-Partikel hergestellt. Als Precursor wird 100 mg (0,19 mmol) Gadolinium(III)-tris(tetramethylcyclopentadienyl) verwendet.

Magnesiumcarbonathydrat-Partikel werden analog der Synthese der CaF$_2$-Partikel hergestellt. Als Precursor wird 0,6 ml 1 M Magnesium-di-*n*-butyl Lösung in Heptan verwendet.

Lanthanfluorid-Partikel werden analog der Synthese der CaF$_2$-Partikel hergestellt. Als Precursor werden 21,2 mg Kaliumfluorid in den 2 ml der polaren Phase der Mikroemulsion gelöst und 100 mg (0,3 mmol) Lanthan(III)-tricyclopentadienyl in 10 ml trockenem Dodekan gelöst und zur Mikroemulsion gegeben.

Bariumphosphat-Partikel werden analog der Synthese der CaF$_2$-Partikel hergestellt. Als Precursor werden 106 mg (0,50 mmol) Dinatriumhydrogenphosphat-decahydrat in den 2 ml der polaren Phase der Mikroemulsion gelöst, sowie 100 mg (0,25 mmol) Barium(II)-bis(pentamethylcyclopentadienyl) in 10 ml trockenem Dodekan gelöst und zur Mikroemulsion gegeben.

Bleiphosphat-Partikel werden analog der Synthese der CaF$_2$-Partikel hergestellt. Als Precursor werden 50 mg (0,25 mmol) Dinatriumhydrogenphosphat-decahydrat in den 2 ml der polaren Phase der Mikroemulsion gelöst, sowie 50 mg (0,10 mmol) Blei(II)-bis(pentamethylcyclopentadienyl) in 10 ml trockenem Dodekan gelöst und zur Mikroemulsion gegeben.

Bariumsulfat-Partikel werden analog der Synthese der CaF$_2$-Partikel hergestellt. Als Precursor werden 0,1 ml konzentrierte Schwefelsäure in den 2 ml der polaren Phase der Mikroemulsion gelöst, sowie (0,25 mmol) Barium(II)-bis(pentamethyl-cyclopentadienyl) in 10 ml trockenem Dodekan gelöst und zur Mikroemulsion gegeben.

Kupferchromat-Partikel werden analog der Synthese der CaF$_2$-Partikel hergestellt. Als Precursor werden 50 mg (0,16 mmol) Kaliumdichromat in den 2 ml der polaren Phase der Mikroemulsion gelöst, sowie 150 mg (0,17 mmol) Kupfer-tris(triphenylphosphin)chlorid in 10 ml trockenem Dodekan für 1 h im Ultraschallbad suspendiert und bei 10 °C zur Mikroemulsion gegeben.

5 Nanoskalige Carbonat-Hohlkugeln aus Mikroemulsionen

5.1 Gadoliniumcarbonat-Hohlkugeln

Hohlkugeln aus Mikroemulsionen bieten vielfältige Verwendungsmöglichkeiten. Für die Medizin ist vor allem die Containerfunktionalität interessant. Die Containerfunktionalität ermöglicht den Transport, die selektive oder zielgerichtete Freisetzung zur Erhöhung der Bioverfügbarkeit der Wirkstoffe und deren Maskierung im Körper. Zusätzlich lassen sich weitere Eigenschaften in die Partikel integrieren.[21] Die Verwendung von Gadolinium bietet hier die Möglichkeit der magnetischen Kopplung, sowohl für Magnetresonanztomographie (MRT) im Bereich der Bildgebung[100-101] als auch für die Erwärmung von Gewebe über magnetische Wechselfelder (MWF) zur Therapie.

5.1.1 Stand der Literatur

Es wurden bereits mehrere Arbeiten zur Verwendung von Gadolinium in anorganischen schwerlöslichen Salzen veröffentlicht. In der Forschung gibt es viele Ansätze mit Gadoliniumphosphat als Biomarker in der MRT und mit Gadoliniumphosphat oder Gadoliniumoxid als Wirtsgitter für Leuchtstoffe.[102-106] Neben anorganisch-organischen Hybriden[107], die einen organischen Wirkstoff enthalten, der mit Gadolinium schwerlösliche Salze bildet, wurden auch gadoliniumhaltige Hohlkugeln synthetisiert. Hohlkugeln aus *Kirkendall*-ähnlichen Syntheseansätzen oder durch Ausbrennen harter Template hergestellte Hohlkugeln setzen für die Aufnahme von Wirkstoffen eine poröse Wandstruktur der Hohlkugeln voraus.[108] Der Wirkstoff muss nachträglich eingeschlossen werden, da die verwendeten Synthesemethoden von einem massiven Partikel ausgehen und Reaktionsbedingungen mit hoher Temperatur und starken Säuren oder Laugen voraussetzen, die die Wirkstoffe zerstören.[108-110] Ein Vorteil von Hohlkugeln, die in einer Mikroemulsion hergestellt werden, ist die Möglichkeit, ohne Diffusion durch die Partikelwand Stoffe im Hohlraum einzuschließen.[17, 66]

Ansätze zur Verwendung von Gadoliniumverbindungen als Gerüst für Hohlkugeln sind in verschiedenen Gruppen gemacht worden. Die Gruppe um *Z. Qing* hat massive Gadoliniumoxidpartikel hergestellt.[106] Der nächste Schritt, die Ausbildung von Kavitäten, wurde von der Gruppe um *J. H. Kim* realisiert. Ausgehend von Gadoliniumcarbonathydrat-Nanopartikeln wurden über eine zusätzliche Partikelhülle aus Siliziumdioxid und einen

Kirkendall-ähnlichem Reifeprozess hohle Gadoliniumoxidpartikel hergestellt.[108] Die Wirkstoffaufnahme in gadoliniumhaltige Hohlkugeln mit theragnostischen-Fähigkeiten[111] über MRT wurde vielfältig untersucht.[112-115] Der Wirkstoff Doxorubicin ist für Versuche im biomedizinischen Kontext besonders interessant, da er durch Fluoreszenz einfach nachzuweisen und das mit am häufigsten verwendete Chemotherapeutikum zur Behandlung von Tumorerkrankungen bei Ovarialkarzinomen (Eierstockkrebs), Lungenkarzinomen (Lungenkrebs) und Mammakarzinomen (Brustkrebs) ist.[116-117] Es gibt Versuche, Doxorubicin in Gadoliniumoxidpartikel diffundieren zu lassen.[109] Die Gruppe um *Y. Zhao* schließt den Wirkstoff nicht beim Herstellungsprozess ein, sondern erst nachträglich durch Diffusion. Auch andere Wirkstoffe, wie Ibuprofen, wurden in ca. 300 nm große Partikel aus Gadoliniumoxid eingeschlossen.[110] Ein alternatives Material für Hohlkugeln in der Medizin ist beispielweise Manganoxid, auch hier wurde das Doxorubicin erst nach der Synthese eingeführt.[118] Dabei müssen die Partikel eine Porenstruktur haben, die den Wirkstoff allerdings systembedingt auch wieder unspezifisch freisetzt. Die Untersuchungen der oben genannten Gruppen zeigen meist Poren in den Partikeln, so dass der Wirkstoff bei Konzentrationsabfall des Wirkstoffs im umgebenden Puffer wieder kontinuierlich freigesetzt wird. Zudem sind die synthetisierten Partikel meist deutlich größer als 100 nm. Der in dieser Arbeit beschriebene Ansatz über Mikroemulsionen zeigt angesichts der eben beschriebenen Problematik seine Stärke, da das Doxorubicin bereits bei der Synthese eingeschlossen wird. Erfolgversprechende Ansätze zur Einkapselung von Wirkstoffen bei der Synthese wurden mit Liposomen oder Polymeren, mesoporösen Siliziumdioxid-Nanocontainern und Hohlkugeln aus Eisenoxid oder Gold untersucht.[119]

Der Einschluss von Doxorubicin in einen Nanocontainer soll die Nebenwirkungen von freiem Doxorubicin auf den Körper reduzieren.[120] Die nichtselektive Verteilung von Doxorubicin im Körper führt zu einer systemischen Toxizität. Die Nebenwirkungen sind Herzleiden, Leukopenie, Übelkeit und Haarausfall.[116-117] Die Dosierung von Doxorubicin ist durch die Nebenwirkungen stark limitiert, auch ergeben sich weitere Probleme, wie die Entstehung von Resistenzen (*Multi Drug Resistance*).[120-121] Außerdem kann es im physiologischen Milieu zu einer vorzeitigen Zersetzung des Doxorubicins kommen, sodass der Wirkstoff seinen Zielort nicht erreicht.[120] Die Verwendung von Carbonaten als Containermaterial anstelle von Phosphaten soll eine Auflösung der Partikel im Tumorgewebe begünstigen. Carbonate zersetzen sich bei pH-Absenkung deutlich schneller als entsprechende Phosphate.[122] Untersuchungen bestätigen die Partikelauflösung durch eine pH-Absenkung in den Tumorzellen.[123] Maskierungsmöglichkeiten von Wirkstoffen werden in der Medizin, vor allem bei der Chemotherapie, vielfach untersucht, ebenso wie eine aktive Adressierung der Wirkstoffe bzw. ihrer Container. Die Entwicklung anorganischer Nanopartikel als Drug-Delivery-Systeme begann erst nach der Entwicklung organischer Drug-Delivery-Systeme, die bereits größere Verbreitung in der Anwendung haben.[103, 120, 124-143] Möglich sind bei Drug-Delivery-Systemen auch theragnostische Fähigkeiten, die neben einer Behandlung auch ein Monitoring des Behandlungserfolgs oder der Wirkstoffe im Körper ermöglichen. Die alternative Herstellung von Gadoliniumhydroxid ist nach Untersuchungen in dem gewählten Mikroemulsionssystem nicht möglich und bisher nicht in der Literatur bekannt.[108, 144-145] Diese Arbeit konzentriert sich daher auf die Synthese von Gadoliniumcarbonat-Hohlkugeln mit eingeschlossenem Doxorubicin.

5.1.2 Synthese

Die Herstellung von Gadoliniumcarbonat-Hohlkugeln erfolgt über eine CTAB-Mikroemulsion mit *n*-Dodekan, 1-Hexanol, CTAB und demineralisiertem Wasser bei einem ω-Wert von 22. Diese Mikroemulsion hat eine durchschnittliche Mizellengöße von 14±4 nm gemäß DLS. Diese Mikroemulsion wurde bereits für die Herstellung anderer Hohlkugel-Systeme gewählt.[44, 146]

Um die Löslichkeit von CO_2 zu erhöhen, wird der pH-Wert der polaren Phase vor dem Überleiten von CO_2 auf pH 12 mit Natriumhydroxid eingestellt, indem demineralisiertes Wasser mit 1 molarer Natriumhydroxidlösung bis zum Erreichen von pH 12, gemessen mit einem pH-Meter, versetzt wurde. Das CO_2 wird in dieser Reaktion als Edukt verwendet, daher wird die Reaktion bei einer Erhöhung der Konzentration von CO_2 in der wässrigen Phase der Mikroemulsion beschleunigt (Massenwirkungsgesetz[147]). Nach erfolgreichem Etablieren einer vollständig klaren Mikroemulsion wird CO_2 bei Raumtemperatur übergeleitet. Ein sehr starkes Rühren mit Kegelbildung in der Mikroemulsion sorgt für eine gute Gasabsorption. Wichtig ist hierbei, das durch die Entnahme aus der Gasflasche kalte Gas (*Joule-Thomson*-Effekt[148]) annähernd auf Raumtemperatur zu bringen, da sonst eine deutliche Abkühlung der Mikroemulsion möglich ist. Eine niedrigere Temperatur (vgl. Abkühlung) führt zu einer langsameren Reaktion (*Arrhenius*-Gleichung)[149], dadurch wird das Kristallwachstum gegenüber amorphen Strukturen bevorzugt.[150] Die CO_2-gesättigte Mikroemulsion hat einen deutlich abgesenkten pH-Wert von kleiner 4, gemessen mit pH-Indikatorpapier. Versuche, das gasförmige CO_2 durch Natriumhydrogencarbonat, auch unter weiterer Ansäuerung, zu ersetzen, schlugen fehl. Die Kationendichte steigt durch das Natriumhydrogencarbonat, das sich in wässriger Lösung in Natriumkationen und Hydrogencarbonatanionen und Kohlendioxid zersetzen würde, in der wässrigen Phase der Mikroemulsion zu stark an, wodurch die Ausbildung von Gadoliniumcarbonat-Hohlkugeln verhindert werden würde. Das Lösen von organischen wasserlöslichen Substanzen in der wässrigen Phase der Mikroemulsion zeigt unterhalb substanzindividueller Grenzwerte im Bereich von wenigen Milligramm pro 60 ml Mikroemulsion keine negativen Auswirkungen auf die Synthese der Gadoliniumcarbonat-Hohlkugeln. Es können beispielsweise bis zu 1 mg Doxorubicin in 60 ml Mikroemulsion gelöst werden, ohne das Ergebnis der Reaktion messbar zu beeinflussen. Nach halbstündigen Überleiten von CO_2 kann von einer CO_2-gesättigten Mikroemulsion ausgegangen werden.

Der Gadoliniumprecursor, Gadolinium(III)-tris(tetramethylcyclopentadienyl), wird in 10 ml trockenem Dodecan im Ultraschallbad suspendiert und geht dabei zu 30% in Lösung. Die Verwendung von nicht absolutiertem Lösungsmittel führt zu einem vollständigen Lösen des Precursors und im späteren Reaktionsverlauf zur Ausbildung von Gadolinium-carbonathydroxidnadeln. Das Gadolinium(III)-tris(tetramethylcyclopentadienyl) löst sich hinreichend gut in der organischen Phase, sodass die Reaktion wie gewünscht zwischen Gd^{3+} und Carbonat an der Phasengrenze stattfindet. Die teuren Tetra- oder Pentamethyl-cyclopentadienylderivate wurden verwendet, da reine Cyclopentadienylkomplexe häufig zu Polymeren (siehe Lanthan) und damit zur Unlöslichkeit führten.

Anschließend wird der Precursor unter stetem Rühren der Mikroemulsion zugegeben, verbleibende Reste im Ursprungsgefäß werden vollständig durch Nachspülen mit Mikroemulsion in das Reaktionsgefäß überführt. Versuche mit unterschiedlichen Rührgeschwindigkeiten, bei denen mit zunehmender Rührgeschwindigkeit die Partikelgröße kleiner und in engerer Größenverteilung vorliegt, zeigen, dass der Vorteil einer gleichmäßigen Verteilung der Edukte in der Mikroemulsion gegenüber einer erhöhten Partikelkoaleszenz durch eine erhöhte Diffusionsgeschwindigkeit, die ein Rühren mit einem Rührfisch über einem Magnetrührer mit 1400 rpm durch Scherung erzeugen kann, überwiegt. Die Farbe und Opazität der Reaktionsmischung wechselt von leicht gelblich-orange zu vollständig weiß bis klar. Nach 12-stündigem Rühren der Reaktion unter CO_2 zeigt eine klare Mischung mit leichter Schlieren- oder Teilchenbildung eine erfolgreiche Reaktion an. Vollständig trübe Emulsionen werden verworfen. Dabei entstanden entweder nadelförmige Produkte, oder die Mikroemulsion hat sich durch 1-Hexanol und Wassermangel infolge eines zu großen CO_2-Stroms entmischt.

Am nächsten Tag wird das Reaktionsgemisch abzentrifugiert. Eine Absenkung der Temperatur in der Zentrifuge führt zu einer verlängerten Lebensdauer der Zentrifugenröhrchen und verhindert Leckagen. Die Temperatur der Reaktionsmischung sollte jedoch nicht unter 10 °C sinken, da dies zum Entmischen der Mikroemulsion führt. Das Tensid fällt dann aus. Die große Menge des ebenfalls abzentrifugierten Tensids kann mit der nachfolgenden Waschung nicht mehr vollständig entfernt werden.

Anschließend wird der Niederschlag über drei Zyklen in jeweils 60 ml Ethanol resuspendiert und abzentrifugiert. Der fast unsichtbare Rückstand im Zentrifugenröhrchen ist klar bis leicht milchig weiß. Er kann entweder in ethanolischer oder wässrigdextranhaltiger Suspension oder im Trockenen als Feststoff aufbewahrt werden. Das Resuspendieren in entmineralisiertem Wasser oder Phosphatpuffern führt zur Zersetzung der Hohlkugeln.

5.1.3 Charakterisierung

Die Partikelform der Gadoliniumcarbonat-Hohlkugeln im Ensemble lässt sich am besten via STEM beobachten. Dabei sind sowohl eine Vielzahl an nahezu sphärischen Partikeln als auch deren Kavitäten sichtbar. Hellgraue Bereiche um die Partikel sind Tensid- und Lösungsmittelrückstände (**Abbildung 5.1**). Zu erkennen ist auch, dass bereits einige Partikel in sich zusammenfallen. Die Partikelgröße beträgt 22±4 nm. Die Kavitäten haben einen Durchmesser von 7,5±1,5 nm. Die Größenverteilung (**Abbildung 5.2**) zeigt, dass die Mehrzahl der Partikel monodispers ist und einzelne Partikel deutlich abweichen. Generell kann ein Zusammenwachsen bzw. Beieinanderliegen der Partikel beobachtet werden.

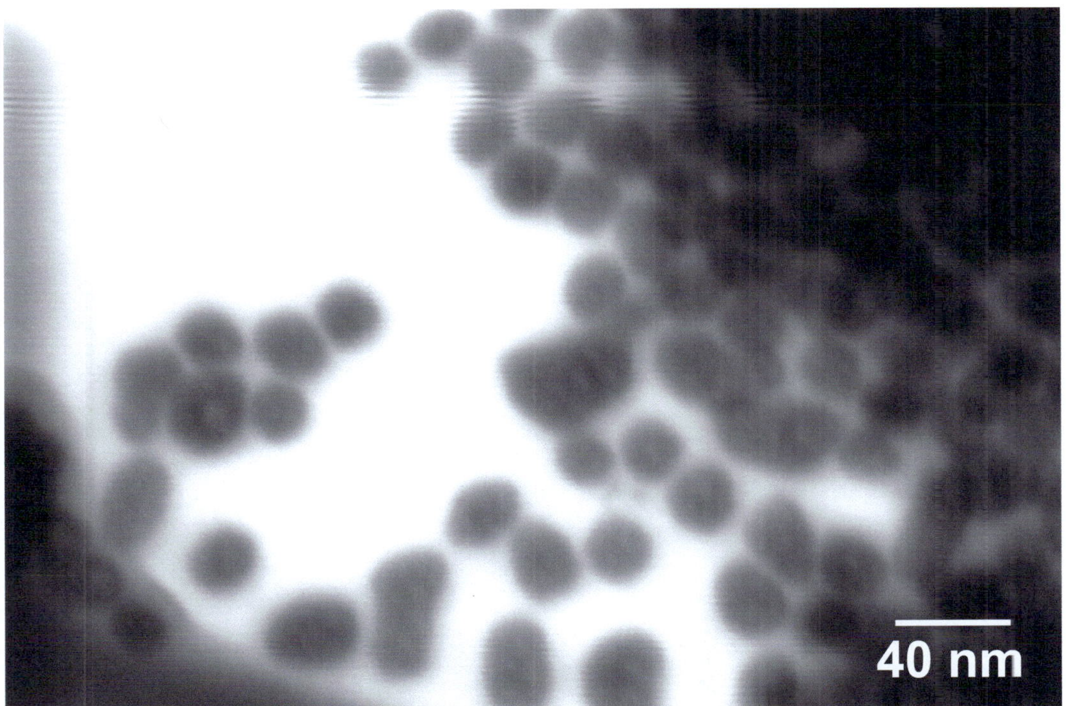

Abbildung 5.1:   *STEM-Abbildung von Gadoliniumcarbonat-Hohlkugeln bei 20 kV.*

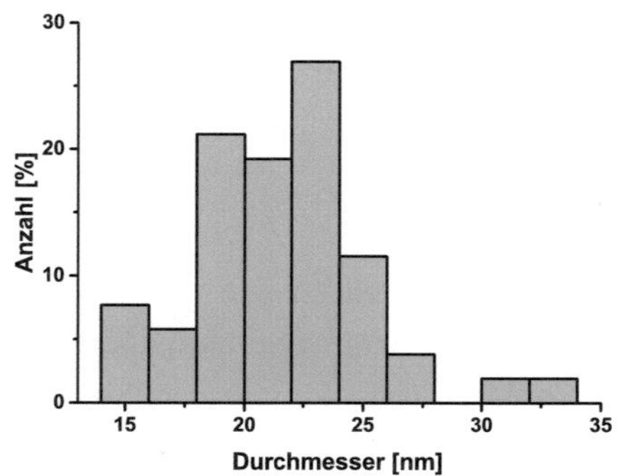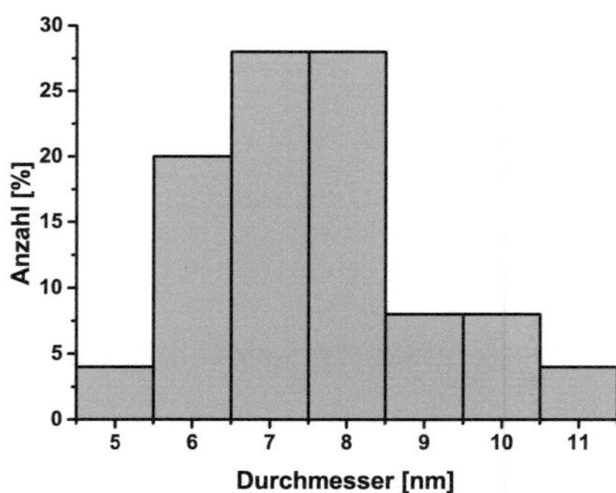

Abbildung 5.2:   *Statistische Auswertung der Größenverteilung der Hohlkugeln von 150 Partikeln auf STEM-Aufnahmen: Außendurchmesser (links) und Kavitätdurchmesser (rechts).*

REM-Aufnahmen (**Abbildung 5.3**) zeigen ein deutlich größeres Ensemble von Partikeln. Sie zeigen auch, dass die Partikel beim Trocknen sehr leicht agglomerieren. Die Größenverteilung liefert in Übereinstimmung mit den STEM-Daten einen Partikeldurchmesser von ca. 30 nm und eine sehr enge Verteilung der Partikelgrößen.

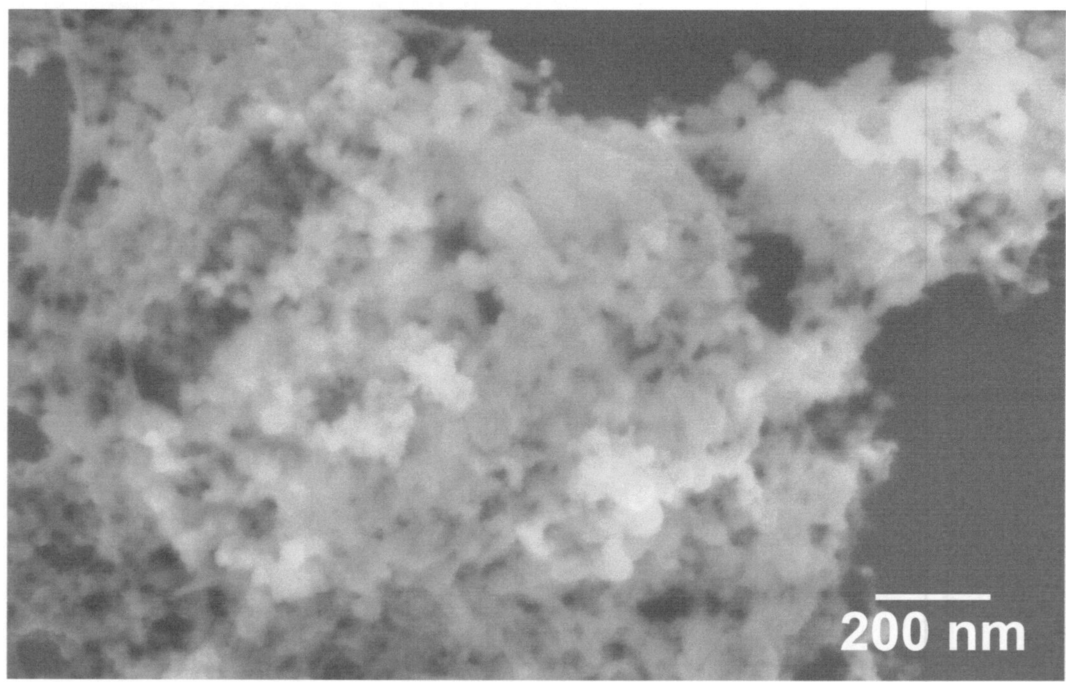

Abbildung 5.3:   *REM-Aufnahmen der Gadoliniumcarbonat-Hohlkugeln. Aufgenommen bei 5 kV.*

Im Vergleich zu den STEM-Aufnahmen am Rasterelektronenmikroskop zeigen die TEM- und STEM-Aufnahmen (im TEM) (**Abbildung 5.4a**, **Abbildung 5.6a**) die Kavitäten deutlich besser. Allerdings lassen sich hier deutlich weniger Partikel gleichzeitig beobachten. Die Partikel bleiben bei sehr kurzen Belichtungszeiten amorph, es sind keinerlei Kristallitdomänen im HRTEM zu erkennen. Dies stimmt mit den Pulverdiffraktometriemessungen überein, in denen die Partikel auch bei Erhitzen auf 400 °C für 55 h keine definierte Streuung aufweisen. Die Partikelgrößen liegen laut TEM bei 27 ± 4 nm, die Kavitäten bei 8 ± 2 nm und laut STEM (im TEM) bei 24 ± 4 nm, die Kavitäten bei 6 ± 2 nm. Dies stimmt innerhalb der Fehler mit den STEM-Aufnahmen überein und zeigt, dass auch unterschiedliche Ansatznummern und unterschiedliche Bereiche zu gleichen Partikelgrößenverteilungen führen.

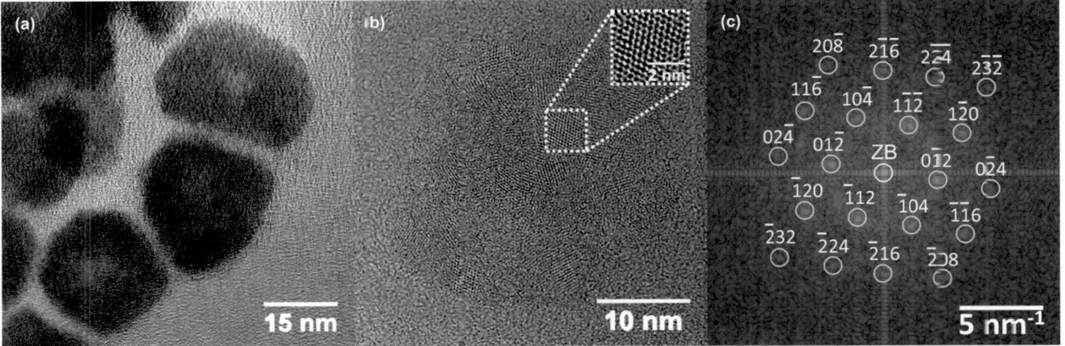

Abbildung 5.4: *a) TEM Aufnahme von Gadoliniumcarbonat-Hohlkugeln bei 80 kV <2 s Belichtungszeit, b) HRTEM bei 300 kV 5 s Belichtungszeit, c) 2D-fouriertransformiertes Beugungsbild der HRTEM-Aufnahme im eingezeichneten weißen Rahmen in b) mit simuliertem Beugungsbild von $Gd_2O_2(CO_3)$ (blaue Kreise) (Miller Indizes).*

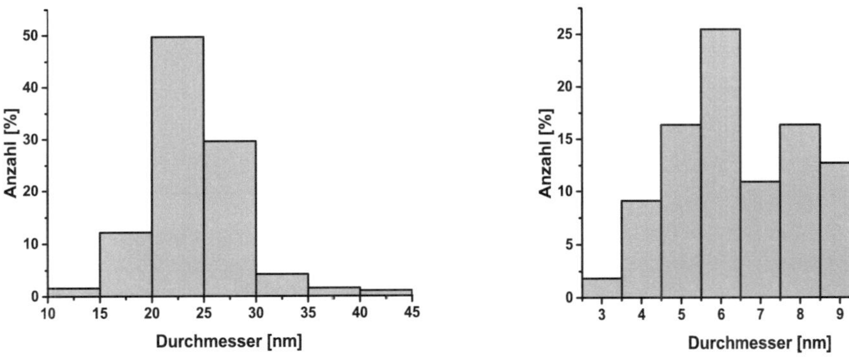

Abbildung 5.5: *Statistische Auswertung der Größenverteilung der Hohlkugeln von 50 Partikeln auf STEM-Aufnahmen bei 80 kV: Außendurchmesser (links) und Kavitätdurchmesser (rechts).*

HRTEM-Aufnahmen (**Abbildung 5.4b**) zeigen bereits nach sehr kurzer Bestrahlung bei 300 kV keine Hohlkugeln mehr, sondern kristallisierte Partikel mit mehreren unterschiedlich orientierten Kristalliten von ca. 4 nm Durchmesser. Die Hohlkugeln wurden durch den Energieeintrag des Elektronenstrahls zerstört. Das Beugungsbild im HRTEM (**Abbildung 5.4c**) stimmt mit dem simulierten Beugungsbild für hexagonales $Gd_2O_2(CO_3)$ überein.[151-152] Die Raumgruppe ist $P6_3/mmc$ mit $a=b=3.9222$ Å, $c=15.4624$ Å, $\alpha=\beta=90°$ und $\gamma=120°$. Die [421]-Lage ist in Abbildung 5.4b innerhalb des eingezeichneten weißen Rechtecks zu sehen. Andere Stellen weisen andere Orientierungen von $Gd_2O_2(CO_3)$ auf. Dies belegt, dass die Partikelzerstörung mit dem Entweichen von zwei Formeläquivalenten CO_2

einhergeht. Dies wird begünstigt, da das gasförmige CO_2 über Vakuum abtransportiert wird und nicht mehr für eine Rückreaktion zur Verfügung steht.

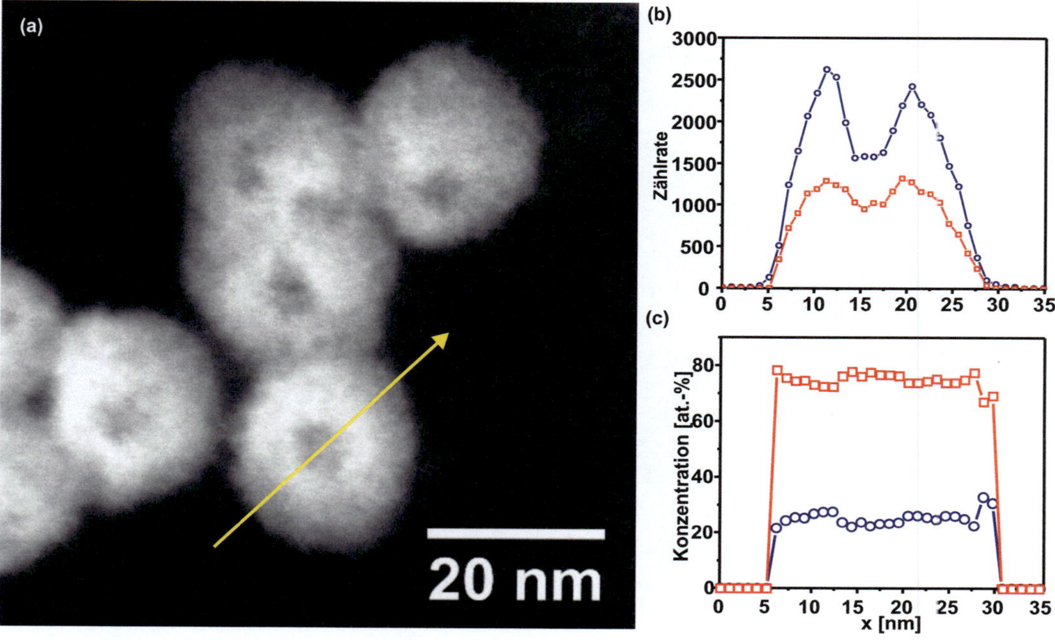

Abbildung 5.6:   *a) STEM-Aufnahme mehrere Hohkugeln bei 80 kV in unter 2 s. Die Positionen der Linienaufnahme des EDX (EDX-Linescan) wird in a) symbolisiert durch einen gelben Pfeil, EDX-Linescan, b) in absoluten Counts, c) in relativen Atomprozenten (Gd-L Linie blau und O-K Linie rot).*

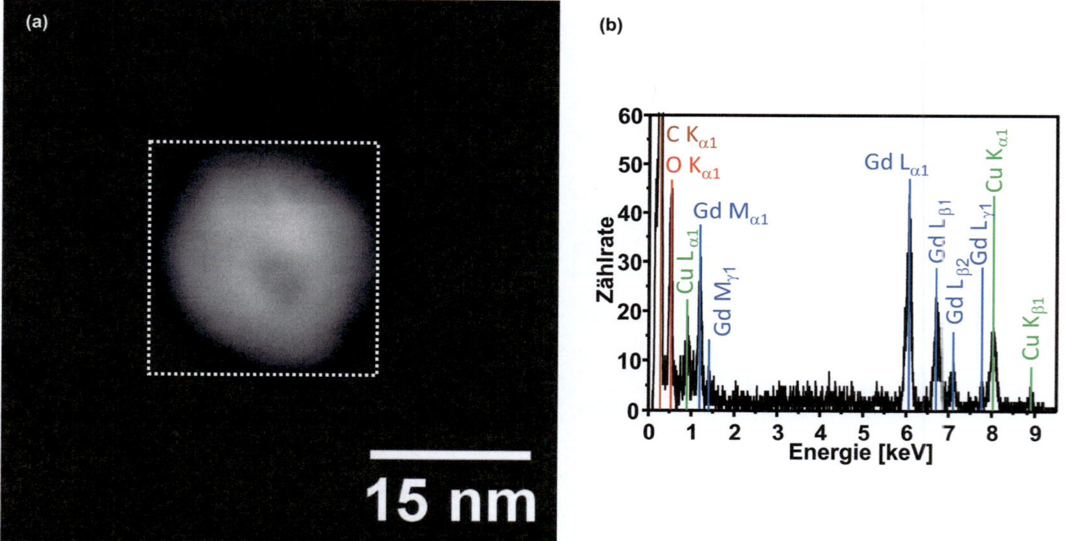

Abbildung 5.7:   *a) STEM-Aufnahme einer Hohlkugel. Der für das EDX gewählte Ausschnitt wird symbolisiert durch den weißen Kasten in a). b) EDX mit zugeordneten Banden.*

Ein EDX-Spektrum (**Abbildung 5.7b**) von 44 verschiedenen Partikeln (symbolisch dargestellt durch den weißen Bereich in Abbildung 5.7a) zeigt nach Hintergrundkorrektur neben Kupfer und Kohlenstoff des Trägermaterials ein Verhältnis von 30±2 at.-% Gd und 70±2 at.-% O ($Gd_{30\pm4}O_{70\pm4}$). Der Gehalt an Gadolinium stimmt, innerhalb der

Standardabweichung, mit $Gd_2O_2(CO_3)$ ($Gd_{29}O_{71}$) überein. Die Kohlenstoffmenge kann wegen des hohen Kohlenstoffgehalts des Trägers (Kohlenstoff auf Kupfer) nicht quantifiziert werden. Das EDX-Spektrum zeigt deutlich das Zersetzungsprodukt $Gd_2O_2(CO_3)$ von $Gd_2(CO_3)_3$ in der Elektronenmikroskopie. Dieser Befund wird durch die TG-Analyse (s.u.) unterstützt.

Zusätzlich wurde die gleichmäßige Verteilung von Gadolinium und Sauerstoff in den Hohlkugeln über einen EDX-Linescan untersucht. Die Position der Linie des EDX-Linescans wird auf Abbildung 5.6a) symbolisiert durch einen gelben Pfeil markiert. Die hohle Morphologie wird gestützt durch einen Intensitätsverlust des EDX-Signals (**Abbildung 5.6b**) in der Mitte des Partikels. Dies ist durch die geringere Masse unter dem Elektronenstrahl im Partikelzentrum bei hohler Morphologie zu erwarten. Das Verhältnis von Gd zu O ist über den gesamten Partikel konstant (**Abbildung 5.6c**) und zeigt eine durchschnittliche Zusammensetzung von $Gd_{0.26\pm0.04}O_{0.74\pm0.04}$. Dies ist innerhalb der Fehlertoleranz die gleiche Zusammensetzung wie bei den anderen EDX-Messungen (**Abbildung 5.7b**).

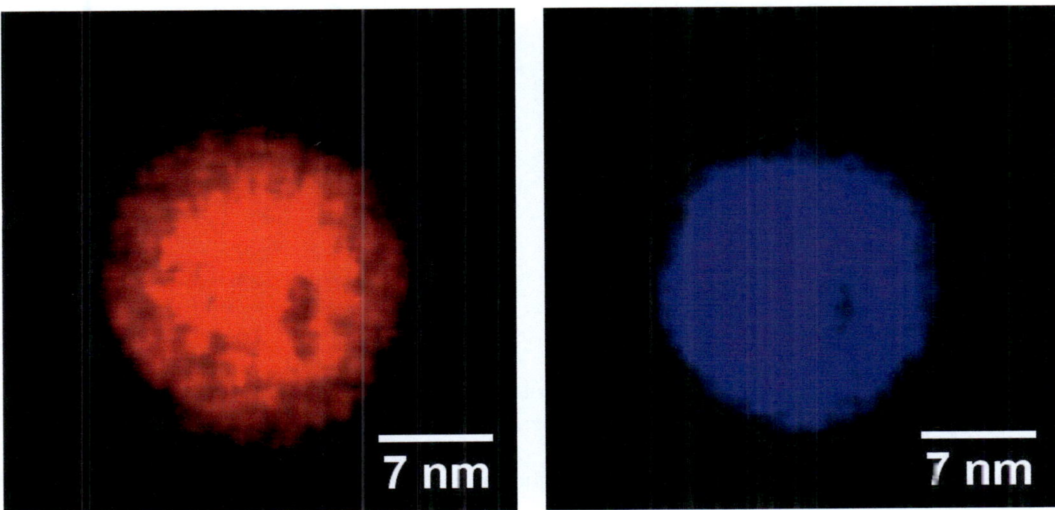

Abbildung 5.8: *EDX-Mapping. Links Gadolinium (Gd-L$_{\alpha l}$) in rot und rechts Sauerstoff (O-K$_\alpha$) in blau.*

Ein EDX-Mapping (**Abbildung 5.8**) mit Hintergrundkorrektur für Sauerstoff bestätigt die gleichmäßige Zusammensetzung der Partikel und zeigt ebenfalls die Kavität der Hohlkugeln.

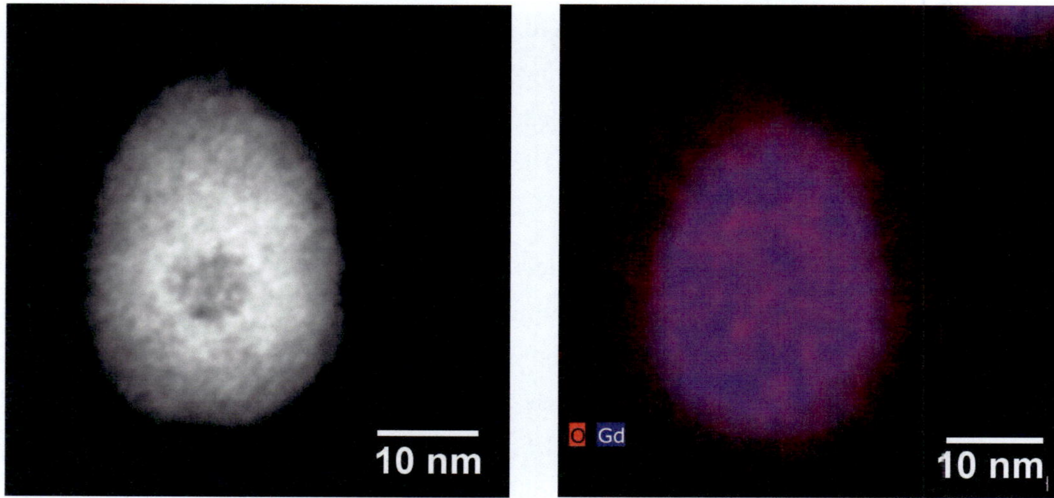

Abbildung 5.9:   *Die Abbildungen zeigen die gleiche Hohlkugel im STEM (links) und das dazugehörige EDX-Mapping (rechts).*

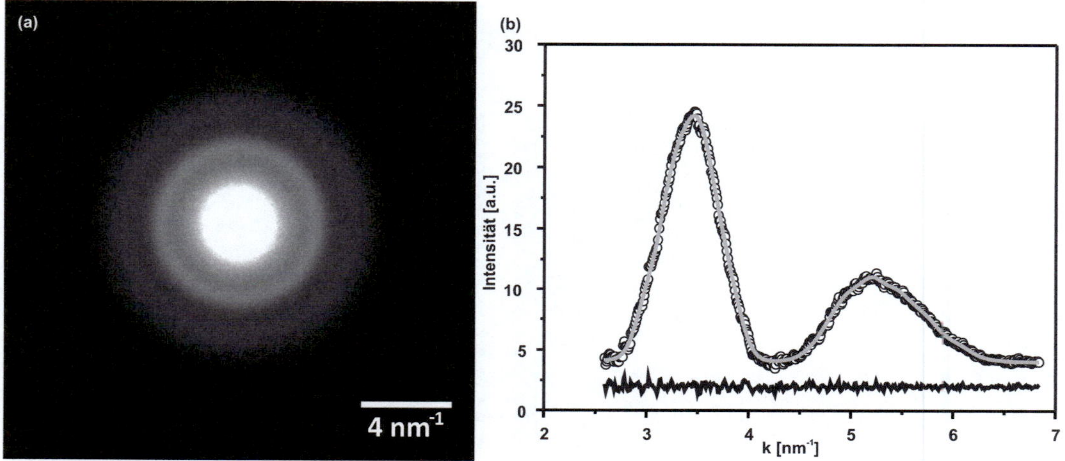

Abbildung 5.10: *SAED-Aufnahme (Selected Area Electron Diffraction) bei 200kV nach wenigen Sekunden Bestrahlung. a) Beugungsbild, b) dazugehörige radiale Intensitätsauftragung.*

Die Elektronenbeugung erlaubt die Untersuchung der im XRD amorphen Proben mittels Elektronenstrahlung (**Abbildung 5.10**). Im TEM wurde bereits beobachtet, dass die Probe unter Elektronenstrahlung kristallisiert. Daher wurde durch Elektronenbeugung die an einzelnen Stellen gefundene Struktur des $Gd_2O_2(CO_3)$ nochmals verifiziert. Die resultierende Elementarzelle charakterisiert durch $a=b=3,92\pm0,02$ Å und $c=15,52\pm0,09$ Å passt sehr gut zu $Gd_2O_2(CO_3)$[151-152] mit $a=b=3,9222$ Å und $c=15,4624$ Å mit einer durchschnittlichen Kristallitgröße von 42 ± 3 Å. Nach noch längerer Bestrahlung erhöht sich die Kristallitgröße weiter und es kann nach 30 min eine teilweise Zersetzung des $Gd_2O_2(CO_3)$ zu Gd_2O_3 beobachtet werden.

Die Größenverteilung des hydrodynamischen Radius der Gadoliniumcarbonat-Hohlkugeln kann über DLS bestimmt werden (**Abbildung 5.11**). Dazu wurde die Probe in

Ethanol resuspendiert und die Partikel wurden mit einem Ultraschallstab vereinzelt. Durch Agglomeration der Partikel, die auch im REM (s.o.) zu sehen ist, ergibt sich ein etwas vergrößerter Durchmesser von d=43 nm.

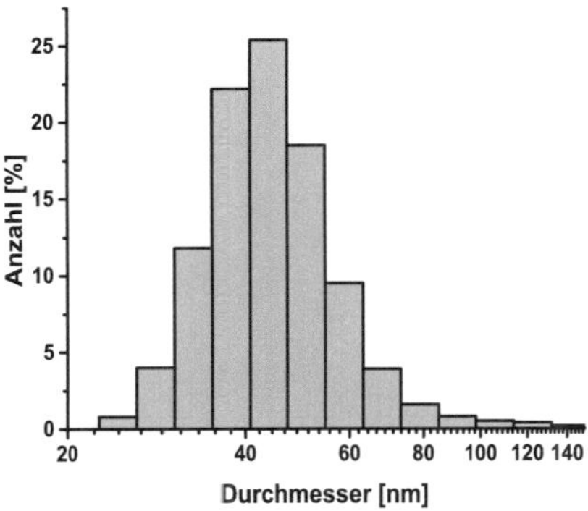

Abbildung 5.11: Größenverteilung der Gadoliniumcarbonat-Hohlkugeln in Ethanol, gemessen mit DLS.

Das Zetapotential (**Abbildung 5.12**) als Maß für die elektrostatische Stabilisierung einer Suspension der Partikel in Wasser zeigt, dass die Partikel in Wasser keine stabile Suspension bilden. Der Grenzwert für elektrostatisch stabilisierte Partikel liegt bei >30 mV und <-30 mV.[30] Die Agglomeration ist bereits in der DLS erkennbar (**Abbildung 5.11**). Das Zetapotential wurde von pH 11 aus gemessen. Hierbei ist zu erkennen, dass die Partikel fast keine Oberflächenladung haben. Bei absinkendem pH-Wert wird die Oberflächenladung größer, allerdings lösen sich die Partikel unter einem pH-Wert von 6 zunehmend auf, wie an den schwankenden Werten zu erkennen ist. Die Partikelsuspensionen wären demnach erst bei pH-Werten stabil, bei denen sich die Partikel auflösen. Daher wurden die Partikel für den Einsatz in Zellen in Dextranpuffer stabilisiert. Dextranpuffer bewirkt bei einem relativ niedrigem pH-Wert von pH 5,6 eine sterische Stabilisierung der Partikel.[153] Versuche haben gezeigt, dass bei einer Dextrankonzentration von 2,5 Gew.-% keine Auflösung der Partikel zu messen ist, obwohl in Citratpufferlösungen bei entsprechenden pH-Werten eine Freisetzung von eingeschlossenen Wirkstoffen beobachtet werden kann (vgl. Kapitel **5.6**). In der Literatur wird die Oberflächenbelegung von anorganischen Nanopartikeln mit Dextran beschrieben, um neben einer sterischen Stabilisierung die Bioverträglichkeit und die Blutzirkulationszeit zu erhöhen.[154] Die Menge an Dextran auf der Oberfläche wird für anorganische Nanopartikel meist nicht angegeben.[155] IR-Spektren von, mit Wasser und Ethanol gewaschenen, Gadoliniumcarbonat-Hohlkugeln zeigen Absorptionsbanden von Dextran (**Abbildung 5.14**). Zu erkennen sind bei $Gd_2(CO_3)_3$@Dextran (mit Dextran belegte Gadoliniumcarbonat-Hohlkugeln) die starken Banden von Dextran:[156] ν(C-H-Valenz)= 2920 cm^{-1}, ν(C-O-C)= 1656 cm^{-1}, ν(CHOH)= 1364 cm^{-1}, ν= 1156 cm^{-1}, ν= 763 cm^{-1}. In

Dextranpuffer werden länger als 2 Wochen stabile Suspensionen erhalten, die nur wenig sedimentieren (**Abbildung 5.40**).

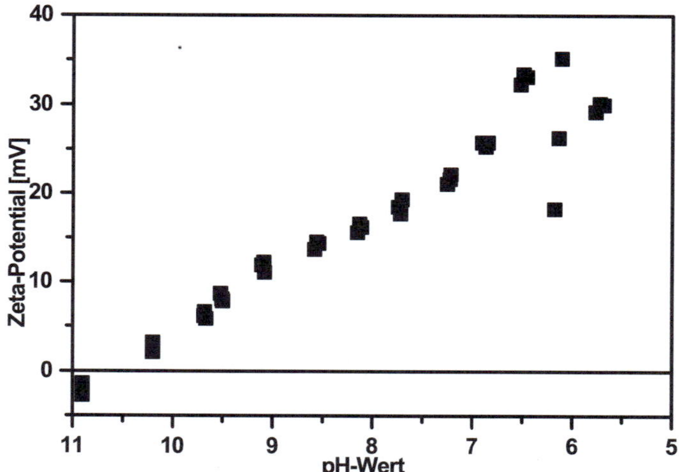

Abbildung 5.12: Zetapotential der Gadoliniumcarbonat-Hohlkugeln in Wasser.

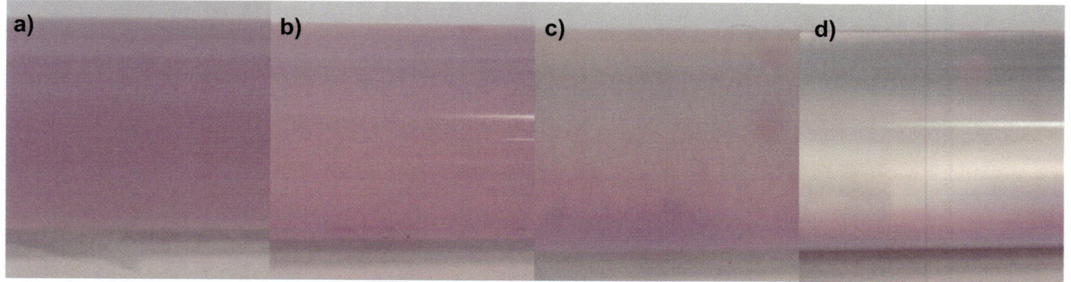

Abbildung 5.13: Suspension von Gadoliniumcarbonat-Hohlkugeln mit eingeschlossenem Doxorubicin (violett) in Dextranpuffer. a) nach Ultraschallbehandlung, b) nach 1 Woche, c) nach 4 Wochen, d) nach 2 Monaten.

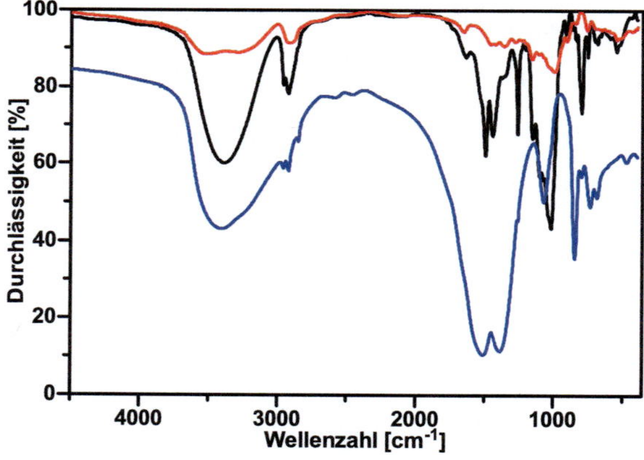

Abbildung 5.14: IR-Spektren von $Gd_2(CO_3)_3$@Dextran (schwarz), Dextran (rot), $Gd_2(CO_3)_3$ (blau).

Nach der Aufklärung der Morphologie ist auch die chemische Zusammensetzung der Probe untersucht worden. Da die Probe röntgenamorph ist, ist eine Bestimmung der chemischen Zusammensetzung mit Thermogravimetrie sehr hilfreich. Die Thermogravimetrie der

Hohlkugeln (**Abbildung 5.15**) zeigt eine Stufe bei ca. 200 °C. Der gesamte Gewichtsverlust bis 1000 °C beträgt 28%. Der erhaltene Rückstand ist laut Röntgenpulverdiffraktrometrie Gadoliniumoxid (**Abbildung 5.17**).

$$Gd_2(CO_3)_3 + x\ H_2O_{(aq)} \rightarrow Gd_2O(CO_3)_2 + CO_{2(g)} + x\ H_2O_{(g)} \rightarrow Gd_2O_3 + 3\ CO_{2(g)} + x\ H_2O_{(g)}$$

Reaktionsgleichung der Zersetzung von Gadoliniumcarbonat-Hohlkugeln in der Thermogravimetrie.

Der Verlust von drei Formeläquivalenten CO_2 aus $Gd_2(CO_3)_3$ über den gesamten Bereich wären 26,7%. Dieser Befund ist schlüssig, wenn in Betracht gezogen wird, dass sich in der Kavität der Hohlkugeln Wasser befindet. Der erste etwas überhöhte Gewichtsverlust mit ca. 10% lässt sich mit einem Formeläquivalent CO_2 (8,9%) und etwas Wasser erklären. Der zweite anschließende Gewichtsverlust von 18% passt fast genau zu zwei Formeläquivalenten CO_2 (17,8%). Das *Gram-Schmidt*-Signal, das die Gesamtintensität des über IR-Kopplung gemessenen Signals angibt, zeigt nochmal deutlich die Stufen. Tatsächlich wird in der gekoppelten IR-Analyse deutlich (**Abbildung 5.16**), dass in der ersten Stufe bereits viel CO_2 und etwas Wasser abgespalten wird. Die Wasserschwingungen sind bei 3700 cm^{-1} und 1500 cm^{-1} zu finden. Die deutlich intensivere Doppelbande von CO_2 liegt bei 2400 cm^{-1}. Vergleichsmessungen mit Kristallwasser enthaltenden Calciumcarbonaten und Calciumhydrogencarbonaten haben ergeben, dass Wasser in stöchiometrischen Mengen ein deutlich intensiveres Signal als das vorliegende verursacht. Dadurch wird deutlich, dass es sich bei den Hohlkugeln um $Gd_2(CO_3)_3$–Hohlkugeln handelt. Der verbleibende Gewichtsverlust von 1,1% bis 200 °C ist entsprechend dem IR-Signal Wasser, das in der Kavität der Hohlkugeln ist. Die im TEM und EDX beobachtete Zusammensetzung ist bereits die eines Zersetzungsprodukts. Die weitergehende Zersetzung der Hohlkugeln lässt sich auch auf TEM-Abbildungen beobachten (s.o.), sie führt zu einer Zerstörung der Kugeln und zur Kristallisation von Gadoliniumoxidcarbonat und letztendlich, wie in der Thermogravimetrie beobachtet, zu Gadoliniumoxid (vgl. SAED).

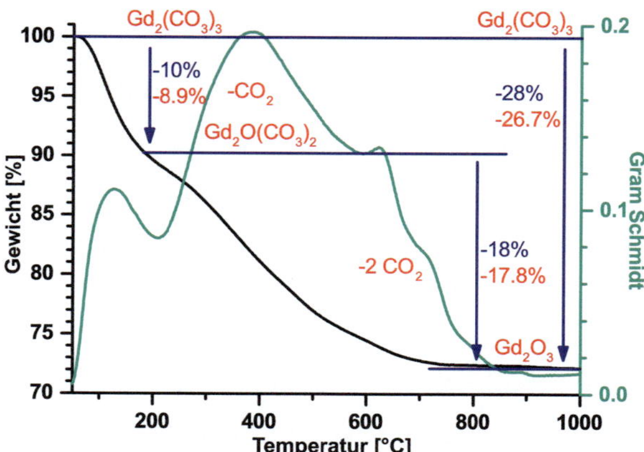

Abbildung 5.15: *Thermogravimetrische Untersuchung der Hohlkugeln. In schwarz ist der Gewichtsverlauf (auftriebskorrigiert) dargestellt. In grün das Gram-Schmidt-Signal, in blau die Stufen des gemessenen Gewichtsverlusts, in rot die errechneten Gewichtsverluste und die dazugehörigen Probenzusammensetzungen.*

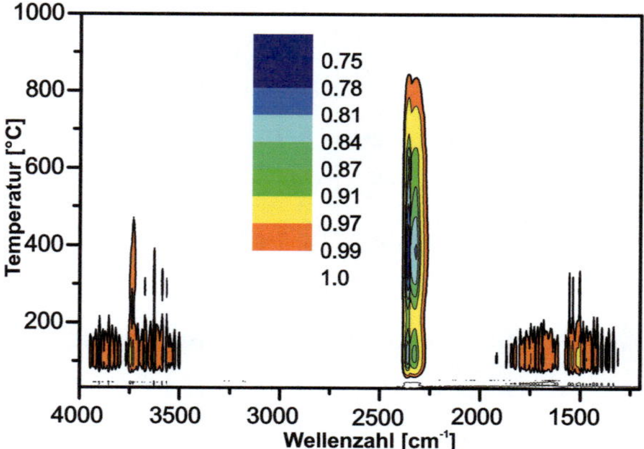

Abbildung 5.16: *3D-Darstellung der IR-gekoppelten thermogravimetrischen Messung. Die Bandenintensität wird auf der Abbildung farbig so dargestellt, dass die Signalintensität von orange nach blau zunimmt.*

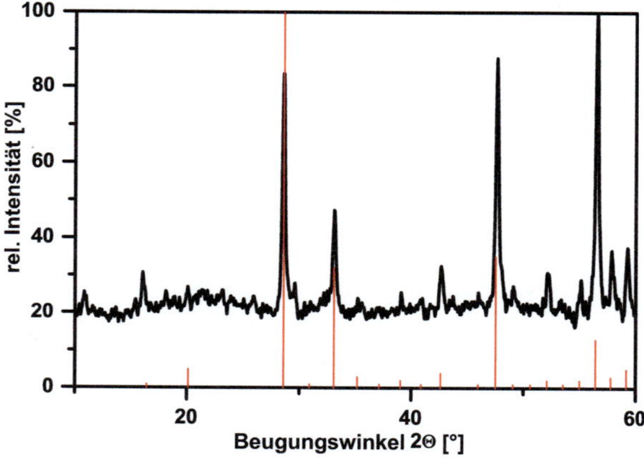

Abbildung 5.17: *Pulverdiffraktogramm des TG-Rückstands mit Gd_2O_3 als Referenz (rot)*[157].

Die Elementaranalyse zeigt anhand des Stickstoff- (0,03%) und des erhöhten Kohlenstoffgehalts, dass die Probe in ihrer Zusammensetzung sehr geringe Mengen (<0,5%) an Tensid (CTAB) enthält. Der erhöhte Wasserstoffgehalt ist auf das Vorhandensein von Feuchtigkeit zurückzuführen.

Tabelle 2: *Elementaranalyse der Gadoliniumcarbonat-Hohlkugeln.*

[%]	N	C	H
Gemessen	0,03	9,24	1,54
$Gd_2(CO_3)_3$	0	7,29	0

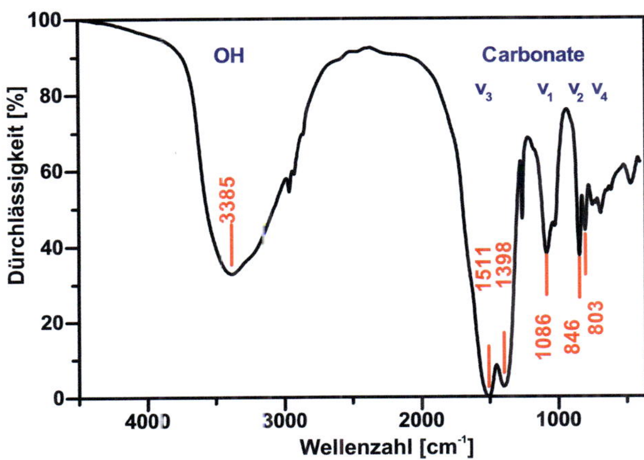

Abbildung 5.18: *IR-Spektrum von $Gd_2(CO_3)_3$-Hohlkugeln. Schwingungszuordnung in blau nach der Literatur von Y. Park et al.[145].*

Das IR-Spektrum zeigt keine Signale der Tensidreste aus der Mikroemulsion der Probe. Die Menge an Tensid ist dafür zu gering. Die Zuordnung der Schwingungen des Carbonats im IR-Spektrum stimmt mit Daten aus der Veröffentlichung von *Y. Park et al.*[145] überein. Das Wasser in den Hohlkugelkavitäten hat deutliche OH-Schwingungen.

Die Oberflächen der Nanopartikel wurden über volumetrischer Gassorption bestimmt. Dabei zeigt sich eine Typ IV Adsorptionskurve (**Abbildung 5.19**), erkennbar an der zuerst (von rechts) abnehmenden Steigung im unteren Druckbereich und der anschließenden Zunahme bei der Adsorption sowie der zuerst (von links) deckungsgleichen Desorptionskurve, die danach eine Hysterese gegenüber der Adsorptionskurve zeigt. Dies deutet auf Makro- oder Mesoporen von 1,5-100 nm hin, da die Poren bei höherem Druck gefüllt sind.[158]

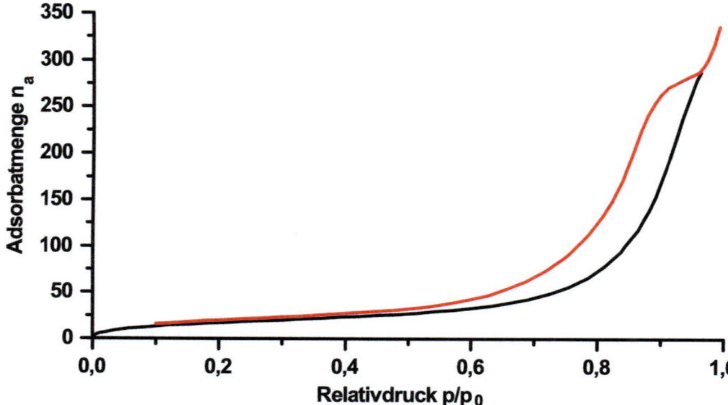

Abbildung 5.19: *Adsorptionsisotherme der Gadoliniumcarbonat-Hohlkugeln. Adsorption (schwarz), Desorption (rot).*

Die Auswertung des BET-Plots (**Abbildung 5.20**) ergibt eine Oberfläche von 67 m^2/g, was im erwarteten Bereich für Nanopartikel liegt.[159]

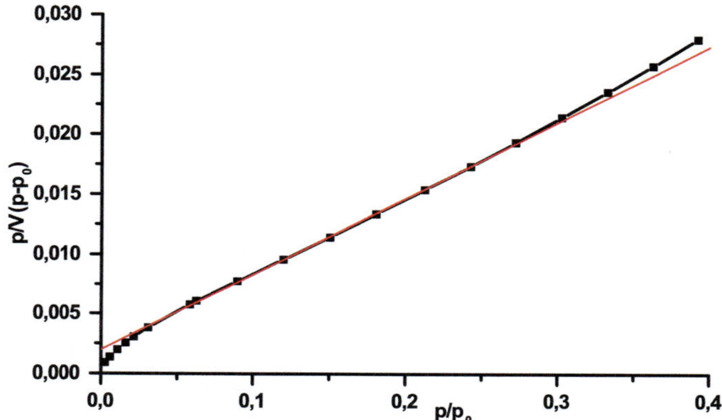

Abbildung 5.20: *Der BET-Plot wurde ausgewertet im linearen Bereich von 0,08-0,3 (rot).*

Die Porengrößenverteilung nach BJH (**Abbildung 5.21**) zeigt in Übereinstimmung mit den STEM-Daten Kavitätengrößen von 3-12 nm. Die deutlich breitere Verteilung kommt daher, dass neben den Kavitäten in den Hohlkugeln auch Zwischenräume zwischen den Partikeln gemessen werden.

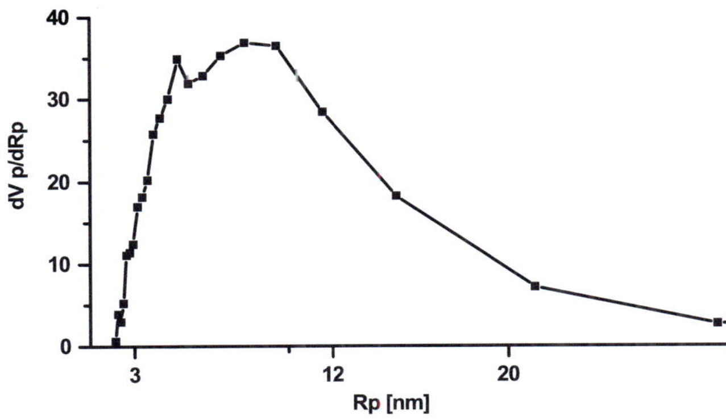

Abbildung 5.21: *Porengrößenverteilung der Partikel (BJH-Plot).*

Untersuchungen zur Eignung von Gadoliniumcarbonat-Hohlkugeln für die magnetothermischen Therapie wurden am Universitätsklinikum Jena von *Prof. Dr. Ingrid Hilger* gemacht. Bei der magnetothermischen Therapie wird durch eine Erwärmung des Tumorgewebes eine Nekrose der Zellen eingeleitet.[160] Zusätzlich kann ein in einen *Drug-Delivery*-Container eingeschlossener Wirkstoff durch die Erwärmung freigesetzt werden.[160] Meist werden in der magnetothermischen Therapie eisenhaltige Nanopartikel genutzt.[160]

Bei den hier vorgestellten Untersuchungen wurde eine Suspension der Gadoliniumcarbonat-Hohlkugeln in Brustkrebszellen eingebracht und mit einem magnetischen Wechselfeld behandelt. Dabei wurde eine Erhöhung der Temperatur der mit Gadoliniumcarbonat-Hohlkugeln versetzten Zellen gegenüber Zellen ohne Gadoliniumcarbonat festgestellt (**Abbildung 5.22**). Die Temperatur sollte für eine erfolgreiche Therapie auf 41-45 °C ansteigen. Dies ist nicht der Fall, die Zellen erreichen eine maximale Temperatur von 40,5 °C. Für eine alleinige magnetothermische Therapie ist dies zu wenig, könnte jedoch in Kombination mit einer verstärkten Freisetzung von Wirkstoffen interessant sein. Durch die Untersuchungen zur Eignung zur magnetothermischen Therapie konnte gezeigt werden, dass neben dem Einschluss von Substanzen auch die Hohlkugelwand funktionell genutzt werden kann.

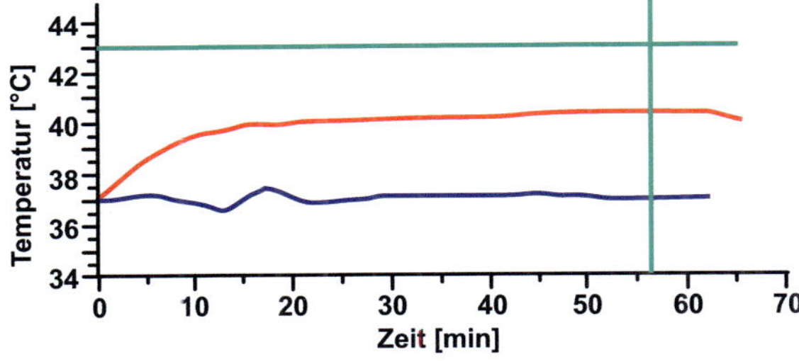

Abbildung 5.22: *Vergleich des Temperaturverlaufs im MWF von nativen Brustkrebszellen (blau) mit behandelten Zellen (rot), die Wirkschwelle (grün).*

Mit dem Einschluss zweier verschiedener Farbstoffe konnte nachgewiesen werden, dass es möglich ist, verschiedene organische wasserlösliche Stoffe einzuschließen (**Abbildung 5.23**). Der Vorteil von Farbstoffen ist ihre leichte Nachweisbarkeit im UV/Vis-Spektrometer. Da nur geringe Mengen Farbstoff eingeschlossen werden, ist ein Nachweis über IR-Spektroskopie sehr schwierig bis unmöglich, da die Banden der Gadoliniumcarbonat-Hohlkugeln und der, wenn auch sehr kleinen, Tensidrückstände die verhältnismäßig schwachen Banden der anteilig gering vorhandenen Farbstoffe bei einer höheren Konzentration der Gadoliniumcarbonat-Hohlkugeln bei der Infrarotmessung überlagern. Es wurden zwei Farbstoffe, Brilliant Yellow und Sulforodamin B, gewählt, die keine Schwerlöslichkeit in Verbindung mit Gadolinium unter den Versuchsbedingungen zeigen. Dazu wurden die Farbstoffe in der polaren Phase der Mikroemulsion gelöst, anschließend wurde analog der Synthese der Gadoliniumcarbonat-Hohlkugeln (Kapitel **5.1.2**) vorgegangen. Die Morphologie der Hohlkugeln wurde durch die Einschlüsse nicht verändert.

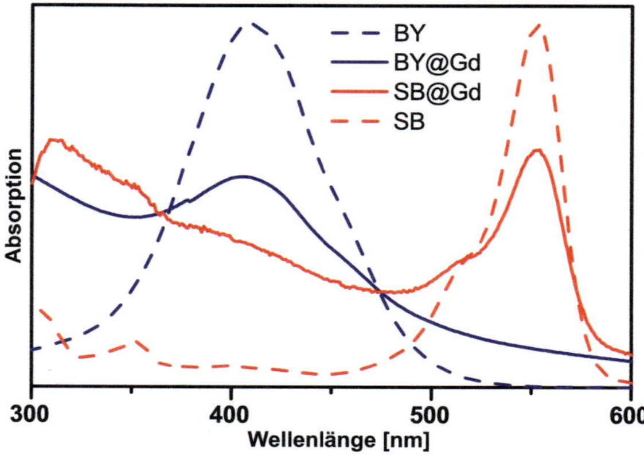

Abbildung 5.23: *UV/Vis-Spektrum von Brilliant Yellow (blau) und Sulforodamin B (rot), sowie der korrespondierenden Hohlkugeln (gestrichelt).*

In diesem Kapitel konnte gezeigt werden, dass über einen neuen Syntheseweg in einer W/O-Mikroemulsion mit gasförmigem CO_2 Gadoliniumcarbonat-Hohlkugeln hergestellt werden können. Mit REM-, STEM- und HRTEM-Aufnahmen konnte die Morphologie der Hohlkugeln bestimmt werden. Sie sind 22±4 nm groß und weisen eine innere Kavität von 6±2 nm auf. Über Stickstoffadsorptionsmessungen wurde die spezifische Oberfläche der Partikel mit 67 m²/g gemessen. Mit einem magnetisches Wechselfeld konnten Brustkrebszellen durch Gadoliniumcarbonat-Hohlkugeln erwärmt werden. Zusätzlich konnten, bedingt durch ausreichend milde Synthesebedingungen, organische Farbstoffe während der Synthese eingeschlossen werden.

5.2 Doxorubicin-gefüllte Gadoliniumcarbonat-Hohlkugeln

Die Verwendung von Doxorubicin in der Krebstherapie ist etabliert.[161-162] Das Hauptproblem von wirksamen Cytostatika sind die Nebenwirkungen.[163] Durch den Einsatz von Transportmolekülen oder Hüllen aus Liposomen können die Nebenwirkungen (vgl. Kapitel **5.1.1**) minimiert werden. Eine aussichtsreiche Alternative ist es, den Wirkstoff in eine feste anorganische Hülle einzubetten.[119]

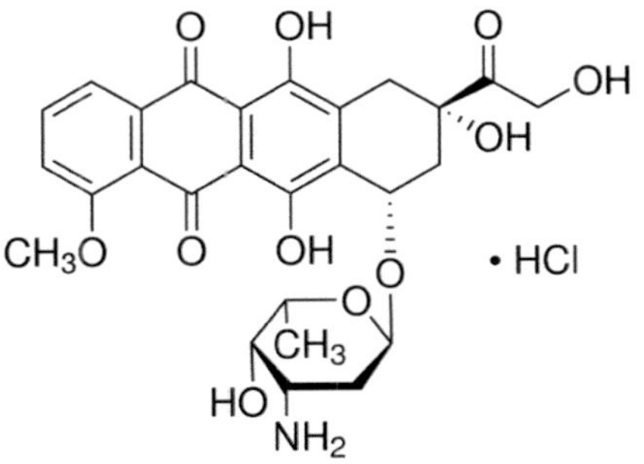

Abbildung 5.24: *Doxorubicinhydrochlorid[164] (entnommen aus [165]).*

Verschiedene zuvor genannte Gruppen haben den Ansatz gewählt, Gadoliniumoxid-Hohlkugeln herzustellen und das Doxorubicin durch Diffusion in diese einzuschließen.[109-110] Diese Hohlkugeln hatten jedoch eine Größe im Bereich von 200-1000 nm, was eine endozytotische Aufnahme verhindert, da Zellen vor allem Partikel von 25 bis 200 nm Größe aufnehmen.[166]

In der hier vorliegenden Arbeit wurde die Strategie verfolgt, Doxorubicin-gefüllte Hohlkugeln direkt in einer Mikroemulsion aus den Edukten der Gadoliniumcarbonat-Hohlkugeln und Doxorubicin herzustellen. Dazu wurde Doxorubicin in der polaren Phase der Mikroemulsion gelöst und anschließend wurde analog der Synthese der Gadoliniumcarbonat-Hohlkugeln (vgl. Kapitel **5.1.2**) vorgegangen. In Kooperation mit der Gruppe von *Prof. Ute Schepers* am Institut für Toxikologie und Genetik (KIT) wurden die *in vitro* Untersuchungen von *Dr. Carmen Seidel* durchgeführt. Die Wirksamkeit der synthetisierten Doxorubicin-gefüllten Gadoliniumcarbonat-Hohlkugeln auf Krebszellen konnte so *in vitro* bei gleichzeitig minimaler Toxizität der Hohlkugeln in MTT-Zelltests gezeigt werden (**Abbildung 5.28, Abbildung 5.29**).

Abbildung 5.25: *DXR@Gd$_2$(CO$_3$)$_3$ in Ethanol, unter einer Kaltlichtlampe (links), unter UV-Licht (rechts).*

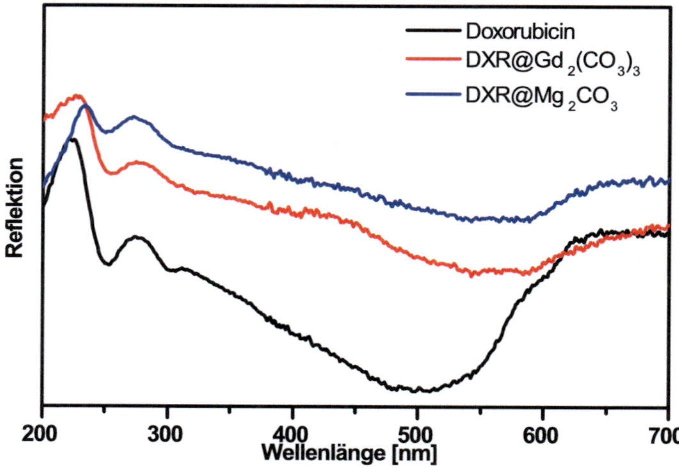

Abbildung 5.26: *UV/Vis-Reflektionsspektrum von Doxorubicin (schwarz), Doxorubicin in Gadoliniumcarbonat-Hohlkugeln (rot) in Bariumsulfat.*

Der Einschluss von Doxorubicin kann durch UV/Vis-Spektroskopie gezeigt werden (**Abbildung 5.25, Abbildung 5.26**). Dabei verschiebt sich die Bande des freien Doxorubicins bei 500 nm deutlich zu 550 nm bei Doxorubicin, das in die Hohlkugeln eingeschlossen ist, da die Absorptionswellenlänge stark pH-Wert-abhängig ist. Auch eine Quantifizierung ist durch vollständiges Auflösen der Hohlkugeln unter Freisetzung des Doxorubicins in Citratpuffer mit einem pH-Wert von 5 gelungen. Anschließend wurde die Doxorubicinkonzentration im Puffer über eine Kalibriergerade mit bekannten Doxorubicinkonzentrationen im gleichen Puffer durch UV/Vis-Spektroskopie quantifiziert. Der Feststoffgehalt der Probe wurde über ein getrocknetes Probenäquivalent gravimetrisch bestimmt. Die Konzentration von eingeschlossenem Doxorubicin beträgt in Dextranpuffer bis zu 0,015 mg/ml bei 0,7 mg/ml Feststoff (Gadoliniumcarbonat).

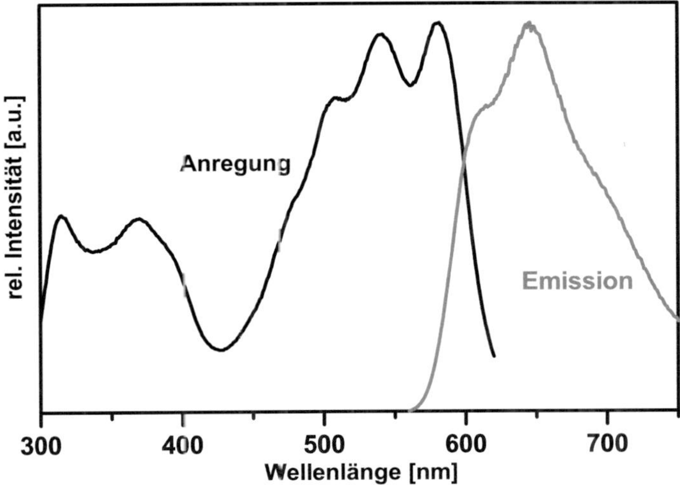

Abbildung 5.27: Fluoreszenzspektrum von Doxorubicin in Gadoliniumcarbonat-Hohlkugeln. Anregungspektrum, gemessen bei 600 nm (schwarz). Emission mit 540 nm Anregungswellenlänge (rot).

Das Fluoreszenzspektrum (**Abbildung 5.27**) von Doxorubicin-gefüllten Gadolinium-carbonat-Hohlkugeln stimmt mit dem von freiem Doxorubicin überein. Das Doxorubicin ist also auch nach der Synthese noch intakt. Eine Zersetzung, die zu einem Ausbleiben der Fluoreszenz geführt hätte, konnte nicht beobachtet werden.

In vitro Untersuchungen an *HeLa*- und *HepG2*-Zellen

Die intrazelluläre Verteilung und die Biokompatibilität von DXR@Gd$_2$(CO$_3$)$_3$ wurde mit konfokaler Lasermikroskopie (*Confocal Laser Scanning Microscopy*, CLSM) untersucht. Dabei wurden *HeLa*-Zellen mit DXR@Gd$_2$(CO$_3$)$_3$ in Dextranpuffer versetzt (0,5 µM Doxorubicin, 6,8 mg/mL Gd$_2$(CO$_3$)$_3$). Nach 4, 8, 24 und 48 h wurden Bilder der Zellkultur aufgenommen (**Abbildung 5.28**). Die Hohlkugeln schädigen dabei die Zellen innerhalb der ersten 4 h nicht, obwohl eine perinukleare Anreicherung der Partikel (Rotfärbung um den Zellkern) zu erkennen ist. Nach 8 h ist, neben mehr Doxorubicin in der Zelle, auch eine Rotfärbung des Zellkerns erkennbar, was zeigt, dass Doxorubicin in den Zellkern aufgenommen wurde. Im Zellkern hat das Doxorubicin seinen Zielort erreicht und erzeugt ein Anschwellen der *HeLa*-Zellen sowie nach einiger Zeit eine Nekrose. Das gleiche Verhalten kann auch bei *HepG2*-Zellen durch Behandlung mit DXR@Gd$_2$(CO$_3$)$_3$ beobachtet werden (**Abbildung 5.29**).

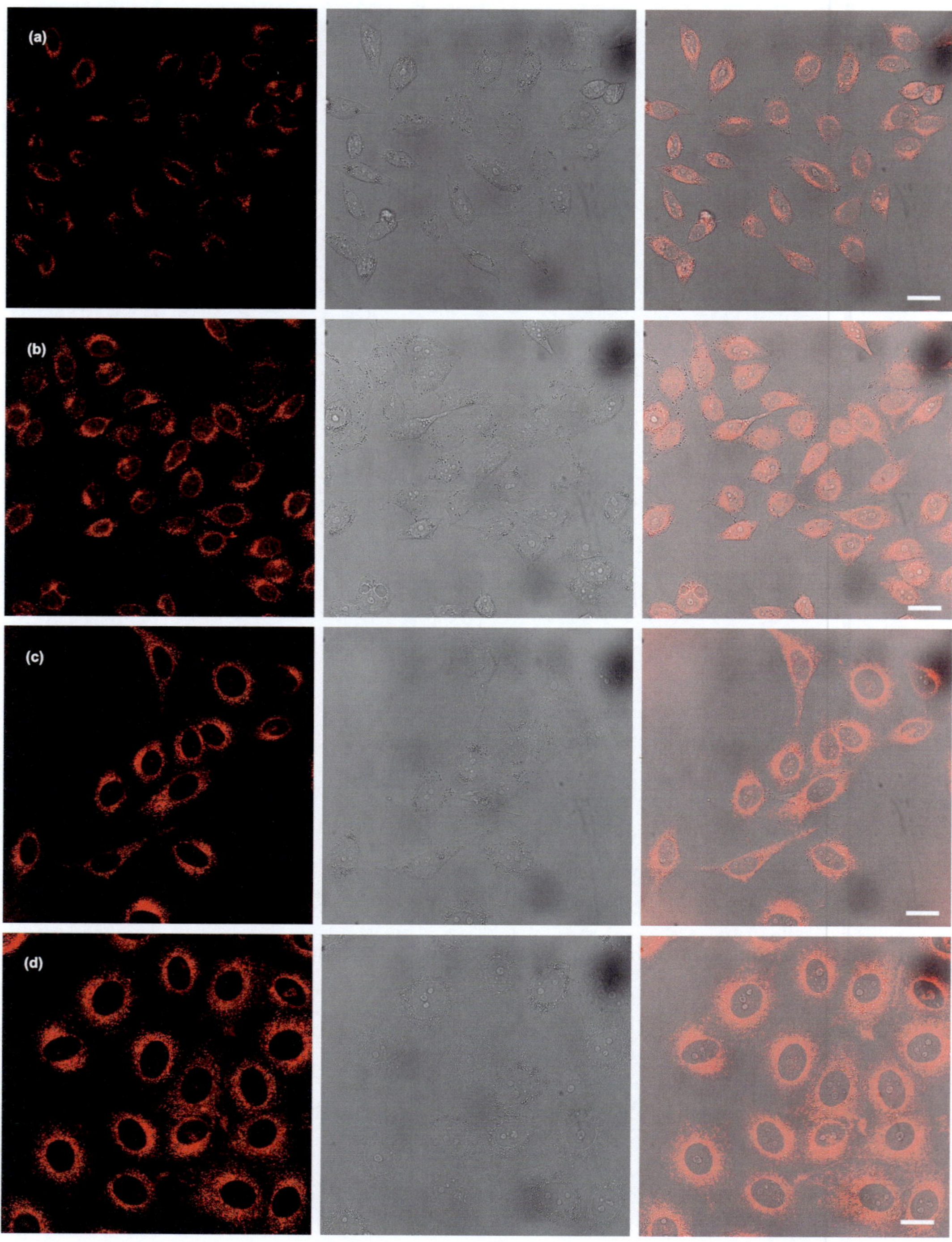

Abbildung 5.28: *Verteilung von DXR@Gd$_2$(CO$_3$)$_3$ (0,5 µM DXR) in HeLa-Zellen nach a) 4 h, b) 8 h, c) 24 h, d) 48 h. Die Färbung um den Zellkern zeigt eine endozytische Aufnahme der Partikel. Zusätzlich wird nach 8 h eine rote Fluoreszenz im Zellkern sichtbar. Ein Anschwellen der Zellen d), wie sie für eine Nekrose typisch ist, wird nach 48 h sichtbar.*

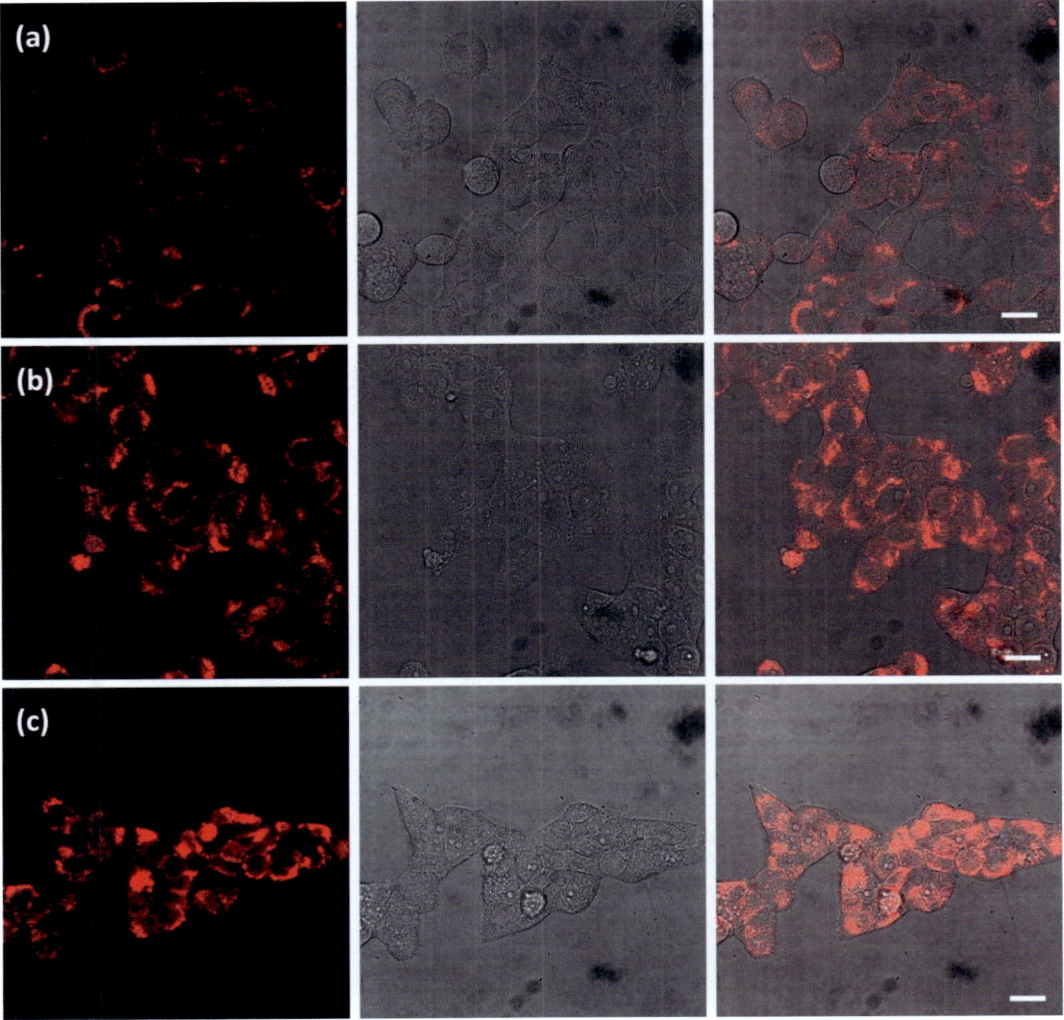

Abbildung 5.29: *Verteilung von DXR@Gd$_2$(CO$_3$)$_3$ (0,5 µM DXR) in HepG2-Zellen nach 24 h. a) 0,125 µM, b) 0,25 µM, c) 0,5 µM Doxorubicin.*

Der Einfluss auf die Zellaktivität von kanzerogenen Zellen durch DXR@Gd$_2$(CO$_3$)$_3$ wurde mit einem MTT-Test untersucht. Dabei wurden wieder Zellkulturen von zwei unterschiedliche Zelllinien (*HeLa* und *HepG2*) mit verschiedenen Konzentrationen an DXR@Gd$_2$(CO$_3$)$_3$ versetzt und nach 72 h mit unbehandelten Zellkulturen verglichen. Die Konzentrationen sind für DXR@Gd$_2$(CO$_3$)$_3$ bei c_{DRX}=0,25/0,5/1,0 µM und entsprechend $c_{Gd2(CO3)3}$= 6/12/24 mg/L, für wirkstofffreies Gd$_2$(CO$_3$)$_3$ bei $c_{Gd2(CO3)3}$= 6/12/24 mg/L und bei freiem Doxorubicin bei c_{DRX}=0,25/0,5/1,0 µM. Bei Zellen der beiden Zelllinien wurde die Zellüberlebensrate deutlich durch DXR@Gd$_2$(CO$_3$)$_3$ verringert, dabei ist eine Wirksamkeit auch schon bei geringen Konzentrationen zu sehen (LD$_{50}$~0,3 µM bei *HeLa*, LD$_{50}$~1 µM bei *HepG2*). Die Überlebensrate der Zellen ist besonders bei geringen Konzentrationen (0,25 µM) leicht verringert gegenüber reinem Doxorubicin. Leere Gd$_2$(CO$_3$)$_3$-Hohlkugeln zeigen, außer bei der höchsten Konzentration von 24 µg/mL, nur moderate Toxizität.

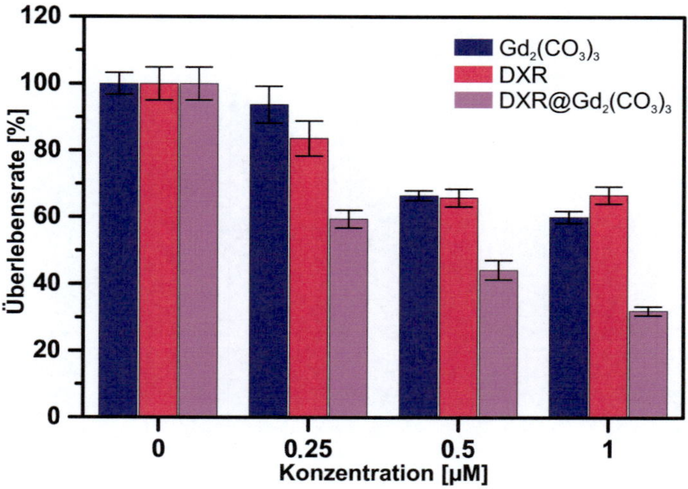

Abbildung 5.30: *In vitro Zytotoxizität von DXR@Gd$_2$(CO$_3$)$_3$ in HeLa-Zellen im MTT-Zelltest verglichen mit leeren Gd$_2$(CO$_3$)$_3$-Hohlkugeln und freiem Doxorubicin.*

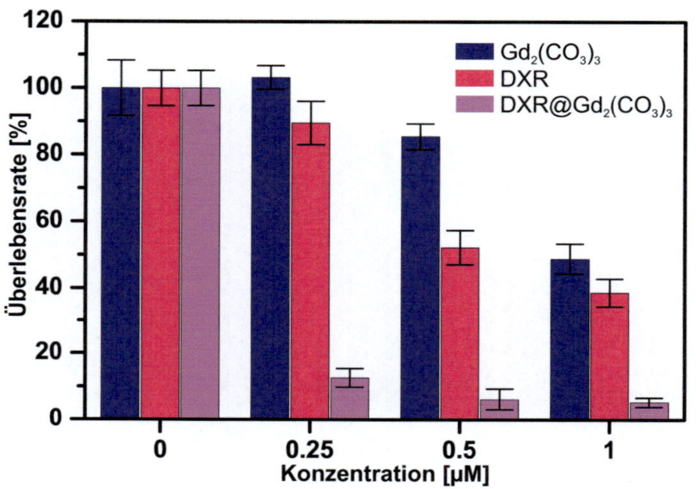

Abbildung 5.31: *In vitro Zytotoxizität von DXR@Gd$_2$(CO$_3$)$_3$ in HepG2-Zellen im MTT-Zelltest, verglichen mit leeren Gd$_2$(CO$_3$)$_3$-Hohlkugeln und freiem Doxorubicin.*

Insgesamt zeigt DXR@Gd$_2$(CO$_3$)$_3$ eine erhöhte Wirksamkeit bei Krebszellen gegenüber freiem Doxorubicin. Es ist davon auszugehen, dass ein effizienterer Aufnahmeweg in die Zelle durch die Einkapselung in Gd$_2$(CO$_3$)$_3$-Hohlkugeln der Grund dafür ist. Die Gd$_2$(CO$_3$)$_3$-Hohlkugeln zeigen eine moderate Toxizität. Daher kann angenommen werden, dass aus DXR@Gd$_2$(CO$_3$)$_3$ in den Zellkern freigesetztes Doxorubicin Auslöser für die Wirkung ist. Diese Freisetzung wurde über 72 h beobachtet. Ein direkter Vergleich der pharmakologischen Wirksamkeit von freiem Doxorubicin mit DRX@Gd$_2$(CO$_3$)$_3$ kann aus *in vitro* Experimenten nicht gezogen werden. Die Pharmakokinetik des Wirkstoffs wird beeinflusst durch den säurelabilen Gd$_2$(CO$_3$)$_3$-Container (Kapitel **5.6**). Zusätzlich bewirkt der EPR-Effekt eine Anreicherung im Tumorgewebe. Die lokale Verfügbarkeit des Wirkstoffs und damit seine Wirkung und seine Nebenwirkungen werden dadurch wesentlich beeinflusst.[21, 167]

Für die Dosisfindung in Mausexperimenten kann von einer Startkonzentration an Doxorubicin zwischen 2,5-10 mg/kg Lebendgewicht der Maus ausgegangen werden.[168] Dies entspricht einer Gadoliniumcarbonat-Hohlkugelkonzentration von 110-470 mg/kg Lebendgewicht der Maus. Eine Vorhersage der Wirkdosis ist nicht möglich, da das Verteilungsvolumen im Organismus stark abhängig von der individuellen Partikelgröße und der Oberflächenbeschaffenheit der Partikel ist,[21] also von Faktoren, die die Membrangängigkeit und die Zirkulationszeit im Blut wesentlich beeinflussen.[21, 167]

Die Doxorubicin-gefüllten Gadoliniumcarbonat-Hohlkugeln zeigen *in vitro* eine erhöhte Toxizität gegenüber kanzerogenen Zellen, während die Toxizität vor leeren Gadoliniumcarbonat-Hohlkugeln, außer bei der höchsten gewählten Konzentration, gering ist.

5.3 Magnesiumcarbonat-Hohlkugeln

Um die breite Anwendbarkeit der Synthese von nanoskaligen Hohlkugeln aus Mikroemulsionen über das Einleiten von CO_2 zu zeigen, wurde ein weiteres Carbonat hergestellt. Für das Ausfällten von Carbonaten aus einer wässrigen Mikroemulsion müssen diese schwerlöslich sein. Schwerlösliche Carbonate bilden alle Erdalkalimetalle[169] sowie unter anderem Cadmium und Blei. Die Entscheidung fiel für Magnesiumcarbonat, da ein in Dodecan löslicher Precursor, Magnesium-di-*n*-butyl und mehrere weitere Magnesium-Precursoren käuflich zur Verfügung stehen. Eine gleichwertige Alternative wäre Calciumcarbonat gewesen, es hier sind jedoch keine organisch löslichen Precursoren auf dem Markt. So wurden nach erfolgreicher Synthese von Gadoliniumcarbonat-Hohlkugeln Magnesiumcarbonat-Hohlkugeln über eine CTAB-Mikroemulsion durch Verwendung von gasförmigem CO_2 hergestellt. Da der Precursor di-*n*-Butylmagnesium reaktiver ist als der für Gadoliniumcarbonat (vgl. Kapitel **5.3.2** und **5.1.2**), ist zur Synthese der Magnesiumcarbonat-Hohlkugeln eine genaue Temperaturkontrolle notwendig (vgl. Kapitel **5.3.2**).

Bei Systemen mit möglichen Anwendungsbereichen in der Medizin ist eine geringe Toxizität der verwendeten Bestandteile vorteilhaft. Daher ist die Wahl eines geringer toxischen Kations als Gd^{3+} sinnvoll. Mg^{2+} weist eine geringe Toxizität auf (vgl. Kapitel **5.5**). Die im Vergleich zu Gadoliniumcarbonat etwas geringere Löslichkeit von Magnesiumcarbonat kann im Körper sogar vorteilhaft sein, da eine langsamere Freisetzung des Doxorubicins zu erwarten ist (vgl. Kapitel **5.6**). Außerdem hat Magnesium ein geringes Molgewicht, sodass ein größerer Massenprozentsatz Doxorubicin gegenüber dem bei Gadoliniumcarbonat möglich sein sollte.

Eine weitere Anwendung von Magnesiumcarbonat-Nanopartikeln ist ihr Einsatz als Ausgangsmaterial für alkalisches Magnesiumoxid, das aus diesen durch Erhitzen gewonnen werden kann (vgl. Kapitel **5.4**). Magnesiumoxid-Nanopartikel ermöglichen die Speicherung von Gasen wie Kohlenstoffdioxid.[170]

5.3.1 Stand der Literatur

Die Herstellung von nanoskaligen Magnesiumcarbonat-Hohlkugeln ist in der Literatur bisher nicht beschrieben. Jedoch sind in der Gruppe um *C. Feldmann* bereits Kalziumcarbonat-Hohlkugeln mithilfe von Gelatinetemplaten hergestellt worden.[69] Eine Herstellung ohne Gelatinetemplate gelang bisher nicht. Die Nutzung von Gelatine schränkt den pH-Wert-Bereich ein, in dem in der Mikroemulsion die Reaktion ablaufen kann, da die Gelatine im Sauren ihre Gallertfestigkeit verliert.[171] Die Verwendung eines alternativen Geliermittels wäre möglich, allerdings wird dadurch die Salzlast in der Mikroemulsion erhöht. Dies bedingt, dass geringere Menge möglicher weiterer Additive, wie einzuschließende Wirk- oder Farbstoffe, eingeschlossen werden können. Damit wird die Containerfunktionalität der Hohlkugeln eingeschränkt. Die hohe Gitterenergie von Magnesiumcarbonat macht eine Herstellung von amorphen Hohlkugeln ohne Template sehr schwierig, da eine Kristallbildung bevorzugt wird.

5.3.2 Synthese

Die Herstellung von Magnesiumcarbonat-Hohlkugeln erfolgt analog der Herstellung von Gadoliniumcarbonat-Hohlkugeln. Es wird jedoch di-*n*-Butylmagnesium statt eines Cyclopentadienylderivat als Precursor gewählt. Das Alkoholat wird direkt als 1 molare Lösung in Hexan in die Mikroemulsion unter Schutzgas injiziert. Der wesentliche Unterschied zur Reaktion zum Gadoliniumcarbonat besteht in der deutlich schnelleren Abreaktion des Precursors, der sehr instabil bei Kontakt mit Luft oder Wasser ist. Um dennoch Hohlkugeln zu erhalten, muss die Temperatur im Kryostaten konstant bei 20 °C gehalten werden. Sonst entstehen keine Hohlkugeln, sondern sowohl bei Temperaturerhöhung als auch -erniedrigung Magnesiumcarbonat-Nadeln. Wegen der starken Temperaturabhängigkeit ist die Reproduzierbarkeit der Hohlkugeln sehr schwierig; nur bei etwa 50% der Ansätze entstehen amorphe Hohlkugeln. Die Menge an Magnesiumcarbonat-Hohlkugeln je Ansatz beträgt ca. 1 mg. Ein Upscaling der Ansätze war bisher nicht erfolgreich.

5.3.3 Charakterisierung

Die Struktur der hergestellten Magnesiumcarbonat-Hohlkugeln konnte am besten im STEM bei sehr kurzen Belichtungszeiten und geringen Beschleunigungsspannungen von 20-30 kV beobachtet werden (**Abbildung 5.32**). Bei höheren Beschleunigungsspannungen und längeren Belichtungszeiten kommt es zur Zerstörung der Partikel. Dies ist bei den TEM- und STEM-Aufnahmen bei längeren Belichtungszeiten und höheren Beschleunigungsspannungen zu sehen (**Abbildung 5.38**). In den rasterelektronen-mikroskopischen Aufnahmen ist ein großes Partikelensemble zu sehen; viele kleine Partikel liegen eng beieinander (**Abbildung 5.34**).

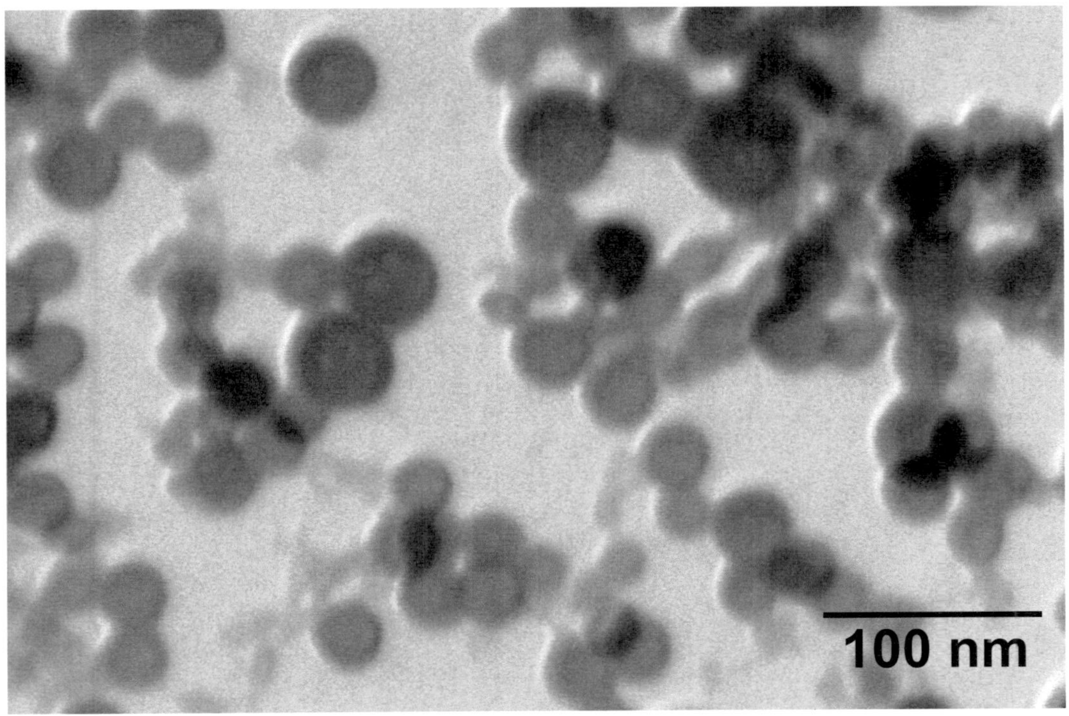

Abbildung 5.32: STEM-Abbildung von Magnesiumcarbonat-Hohlkugeln. Aufgenommen bei 20 kV.

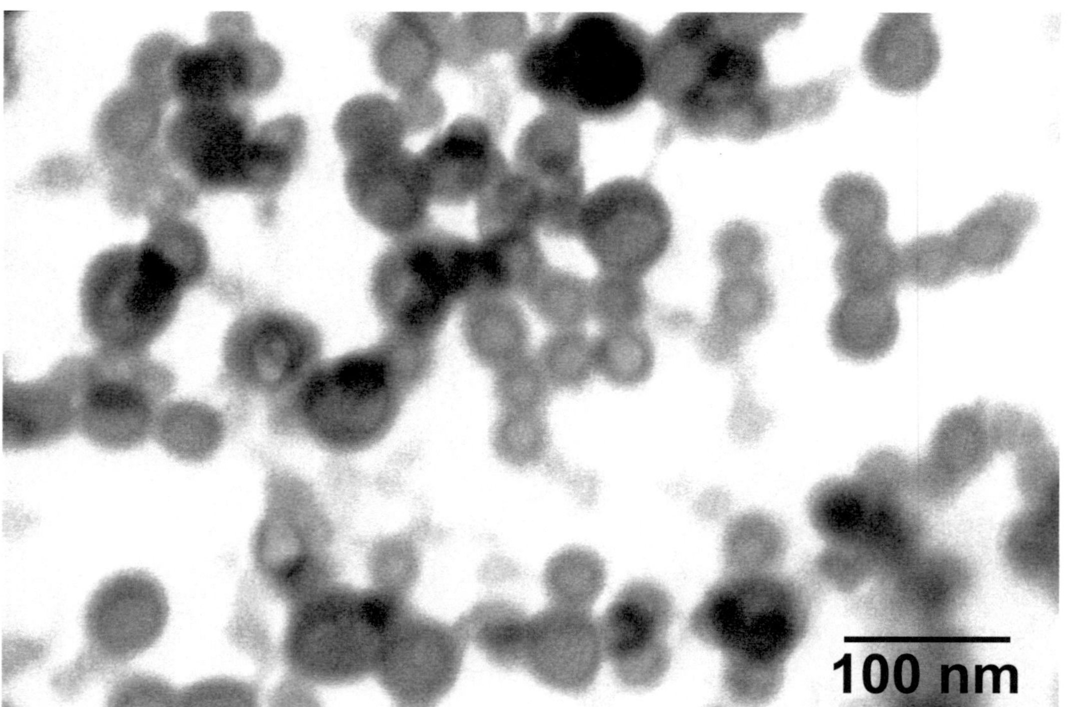

Abbildung 5.33: STEM-Abbildung von Magnesiumcarbonat-Hohlkugeln. Aufgenommen bei 30 kV.

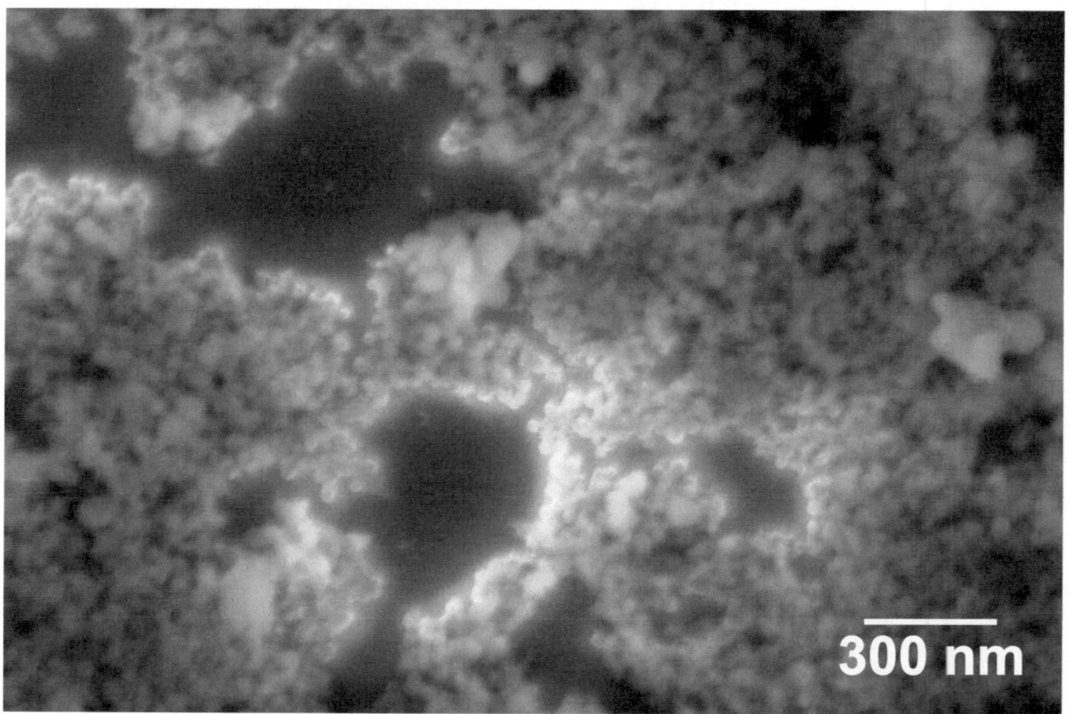

Abbildung 5.34: REM-Abbildung der Magnesiumcarbonat-Hohlkugeln. Aufgenommen bei 5 kV.

Die Größe und Größenverteilung der Partikel lässt sich durch manuelles Auszählen der Partikel im Rasterelektronenmikroskop sowohl im *InLens*-Modus (**Abbildung 5.34**) als auch im STEM-Modus (**Abbildung 5.33**) bestimmen. Die durchschnittliche Größe im REM beträgt d=43±12 nm. Im STEM-Modus beträgt sie d=35±9 nm, hier sind auch die Kavitäten zu sehen, deren durchschnittliche Größe bei d=17±5 nm liegt. Deutlich zu erkennen ist, dass die Größenverteilung der Magnesiumcarbonat-Hohlkugeln deutlich breiter ist als die der Gadoliniumcarbonat-Hohlkugeln (22±4 nm). Dies ist auf den Bildern erkennbar, besonders auf **Abbildung 5.33**, auf der neben vielen deutlich kleineren Partikeln einzelne große Partikel mit vergrößerter Kavität zu sehen sind. Die größere Verteilung der Kavitätendurchmesser ist so weit verbreitert, dass hier keine *Gauß*-Verteilung mehr vorliegt (**Abbildung 5.36**). Da der verwendete Precursor deutlich reaktiver ist als beim Gadoliniumcarbonat, kann er sich nicht gleichmäßig in der Mikroemulsion verteilen, bevor er teilweise abreagiert ist. Eine ungleichmäßige Verteilung in der Mikroemulsion führt daher zu einer ungleichmäßigen Partikelgröße.

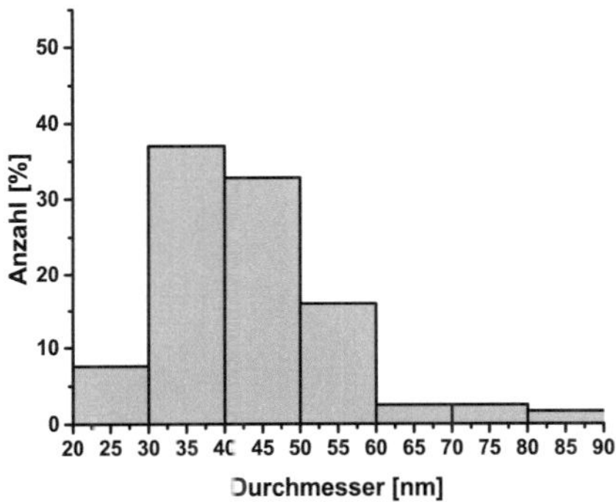

Abbildung 5.35: *Statistische Auswertung der Größenverteilung von 200 Magnesiumcarbonat-Hohlkugeln im REM.*

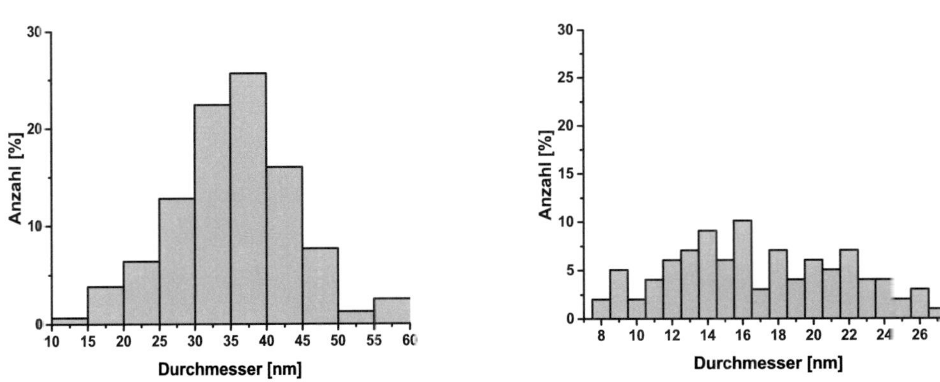

Abbildung 5.36: *Statistische Auswertung der Größenverteilung von 250 Magnesiumcarbonat-Hohlkugeln im STEM. Außendurchmesser (links), Kavität (rechts).*

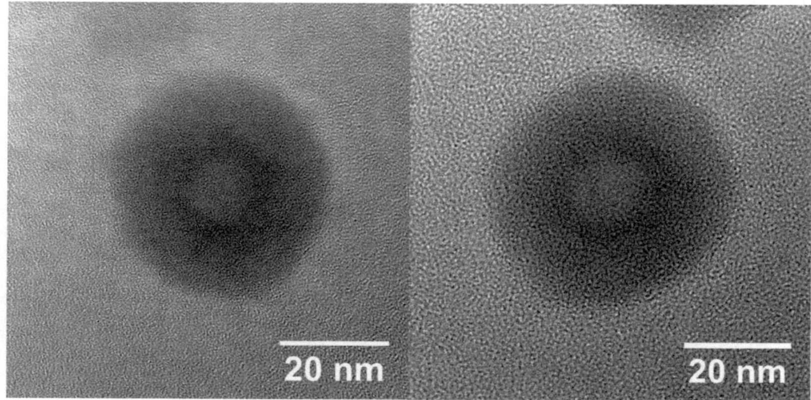

Abbildung 5.37: HRTEM-Aufnahme von Magnesiumcarbonat-Hohlkugeln bei 80 kV mit weniger als 2 s Belichtungszeit.

Die TEM-Aufnahmen zeigen einzelne Hohlkugeln mit einem Durchmesser von ca. 42 nm und Kavitäten von 11,5 nm (**Abbildung 5.37**). Die Hohlkugeln aus Magnesiumcarbonat sind noch deutlich instabiler als die aus Gadoliniumcarbonat. Bei längeren Belichtungszeiten ist eine Zerstörung der Hohlkugelwand deutlich zu erkennen (**Abbildung 5.38**). Es lassen sich nach der Zerstörung der Partikel kleine kristalline Bereiche identifizieren. Das Magnesiumcarbonat wird durch den Energieeintrag des Elektronenstrahls zersetzt. Dies geschieht deutlich schneller als bei den Gadoliniumcarbonat-Hohlkugeln (vgl. Kapitel **5.1.3**).

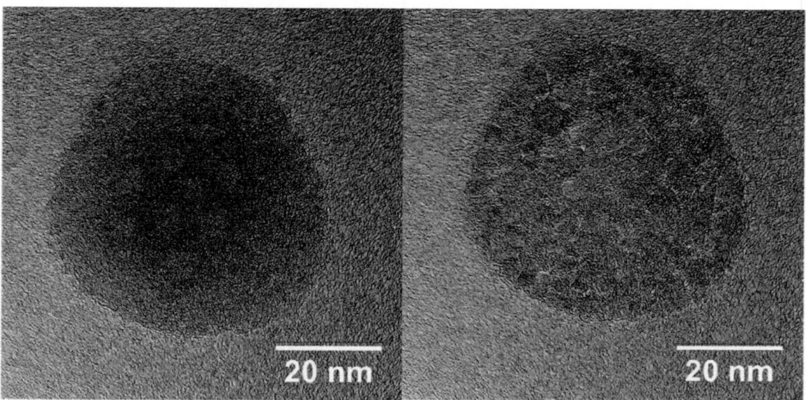

Abbildung 5.38: HRTEM-Aufnahme einer Magnesiumcarbonat-Hohlkugel bei 80 kV mit 2 s Belichtungszeit (links) und 60 s Belichtungszeit (rechts).

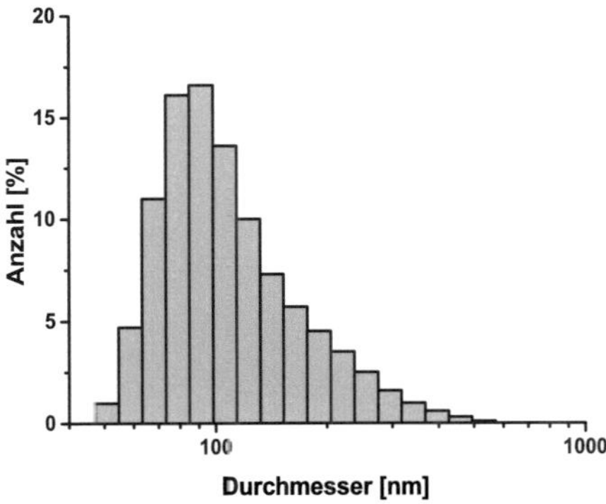

Abbildung 5.39: *DLS-Messung der Magnesiumcarbonat-Hohlkugeln in Ethanol.*

Die Größenverteilung der Partikel in Lösung wurde mit Hilfe der DLS bestimmt. Dazu wurden die Partikel in Ethanol mit einem Ultraschallstab suspendiert und untersucht. Der durchschnittliche Partikeldurchmesser liegt dabei mit 120 nm deutlich über den gemessenen Durchmessern in der Elektronenmikroskopie, wobei von einer Agglomeration der Partikel auszugehen ist. Erkennbar sind zudem auch sehr große Agglomerate. Auch in der Elektronenmikroskopie sind schon Agglomerate der Partikel zu sehen. Die Suspensionen sind über Stunden in Ethanol stabil. Darum wurden die Partikel für den Einsatz in Zellen in Dextranpuffer stabilisiert. Dextranpuffer bewirkt bei einem relativ niedrigem pH-Wert von pH 5,6 eine sterische Stabilisierung der Partikel.[153] Versuche haben gezeigt, dass bei einer Dextrankonzentration von 2,5 Gew.-% keine Auflösung der Partikel zu messen ist, obwohl in Citratpufferlösungen bei entsprechenden pH-Werten eine Freisetzung von eingeschlossenen Wirkstoffen beobachtet werden kann (vgl. Kapitel **5.6**). In der Literatur wird die Oberflächenbelegung von anorganischen Nanopartikeln mit Dextran beschrieben, die neben einer sterischen Stabilisierung die Bioverträglichkeit und die Blutzirkulationszeit erhöhen soll.[154] Die Menge an Dextran auf der Oberfläche wird für anorganische Nanopartikel meist nicht angegeben.[155] IR-Spektren von mit Wasser und Ethanol gewaschenen Magnesiumcarbonat-Hohlkugeln zeigen Absorptionsbanden von Dextran (**Abbildung 5.42**). Zu erkennen sind bei $MgCO_3$@Dextran (mit Dextran belegte Magnesiumcarbonat-Hohlkugeln) die starken Banden von Dextran[156]: ν(C-H-Valenz)= 2920 cm^{-1}, ν(C-O-C)= 1656 cm^{-1}, ν(CHOH)= 1364 cm^{-1}, ν= 1156 cm^{-1}, ν= 763 cm^{-1}. In Dextranpuffer werden länger als 2 Wochen stabile Suspensionen erhalten, die nur wenig sedimentieren (**Abbildung 5.40**).

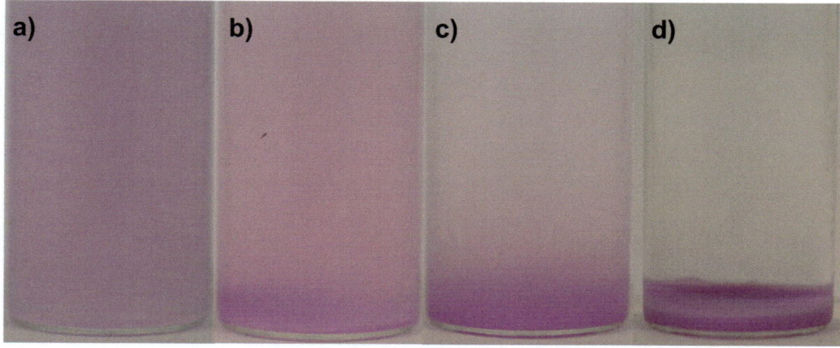

Abbildung 5.40: *Suspension von Magnesiumcarbonat-Hohlkugeln mit eingeschlossenem Doxorubicin (violett) in Dextranpuffer, a) nach Ultraschallbehandlung, b) nach 1 Woche, c) nach 4 Wochen, d) nach 2 Monaten.*

Das IR-Spektrum der Magnesiumcarbonat-Hohlkugeln (**Abbildung 5.41**) zeigt die Valenzschwingungesbanden von Carbonat. Nach der Literatur von *Zhang*[172] lassen sich die einzelnen Schwindungen wie folgt zuordnen: $\nu_1(CO_3^{2-})$=1088 cm^{-1}, $\nu_2(CO_3^{2-})$=856 cm^{-1}, $\nu_3(CO_3^{2-})$=1513+1412 cm^{-1}. Die Schwingungen unterhalb von 800 cm^{-1} im Fingerprint-Bereich sind auch in Vergleichsspektren zu sehen, werden dort jedoch nicht zugeordnet.[172] Bei 1692 cm^{-1} ist eine leichte Schulter im Spektrum zu sehen, die eine OH-Biegeschwingung von einer geringen Menge an von Kristallwasser von kleinen Mengen $MgCO_3 \cdot xH_2O$ sein kann. Zusätzlich ist eine sehr breite Valenzschwingungs-OH-Bande um 3457 cm^{-1} von Wasserresten und Wasser in den Kavitäten der Hohlkugeln zu sehen.

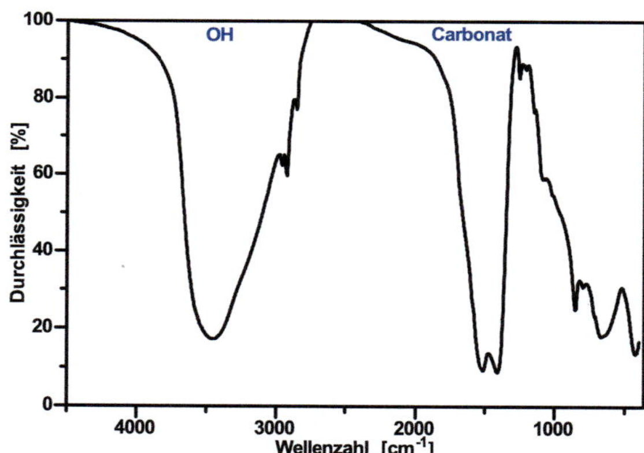

Abbildung 5.41: *IR-Spektrum von MgCO₃-Hohlkugeln.*

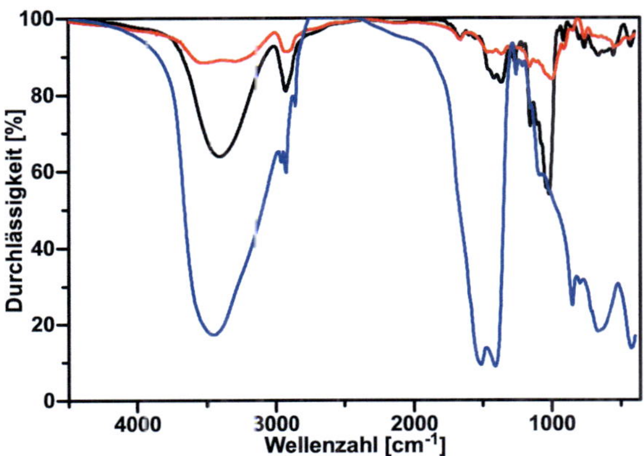

Abbildung 5.42: IR-Spektren von MgCO$_3$@Dextran (schwarz), Dextran (rot), MgCO$_3$ (blau).

Die Magnesiumcarbonat-Hohlkugeln sind nach pulverdiffraktrometischen Aufnahmen amorph. Daher wurde die Zusammensetzung über TG mit IR-Kopplung bestimmt. Das bei 1000 °C erhaltene Produkt zeigt im Pulverdiffraktogramm (**Abbildung 5.43**) Magnesiumoxid und Perowskit (Aluminiummagnesiumoxid) durch Aluminiumoxid aus der Tiegelwand. Die Entstehung von Aluminiummagnesiumoxid aus Magnesiumoxid und Aluminiumoxid führt zu keiner Gewichtsänderung. Die Thermogravimetrie der Hohlkugeln (**Abbildung 5.44**) zeigt eine Stufe bei ca. 220 °C. Der gesamte Gewichtsverlust der Probe bis 1000 °C beträgt 51,3%.

$$MgCO_3 \rightarrow MgO + CO_{2(g)}$$

Reaktionsgleichung der Zersetzung von Magnesiumcarbonat-Hohlkugeln in der Thermogravimetrie

Der Verlust von einem Formeläquivalent CO$_2$ aus MgCO$_3$ über den gesamten Bereich wären 58%. In der gekoppelten IR-Analyse wird deutlich (**Abbildung 5.45, Abbildung 5.16**), dass vor allem CO$_2$ und nur wenig Wasser aus der Probe kommt. Die Wasserschwingungen sind bei 3700 cm^{-1} und 1500 cm^{-1} zu finden. Die deutlich intensivere Doppelbande von CO$_2$ liegt bei 2400 cm^{-1}. Vergleichsmessungen mit Kristallwasser enthaltenden Calciumcarbonaten und Calciumhydrogencarbonaten haben ergeben, dass Wasser in stöchiometrischen Mengen ein deutlich intensiveres Signal als das vorliegende verursacht. Dadurch wird deutlich, dass es sich bei den Hohlkugeln um MgCO$_3$–Hohlkugeln handelt. Der zu geringe Gewichtsverlust der Probe (Δ=5,6%) kann dadurch erklärt werden, dass noch nicht das gesamte MgCO$_3$ in MgO umgewandelt wurde, zu erkennen ist das an dem nicht waagerechten Verlauf der Probengewichtskurve bei 1000 °C. Die vollständige Zersetzung fand erst beim Abkühlen statt, da die Probe zu schnell erhitzt wurde.

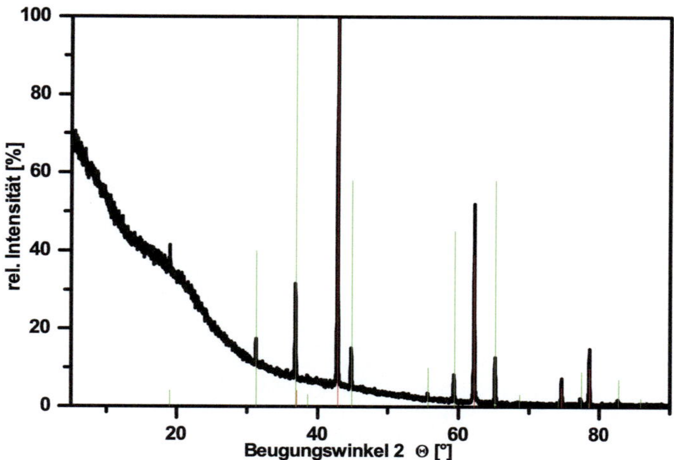

Abbildung 5.43: *Pulverdiffraktogramm des TG-Rückstandes (schwarz) mit MgO (rot)*[173] *und MgAl₂O₄ (grün)*[174] *als Referenz.*

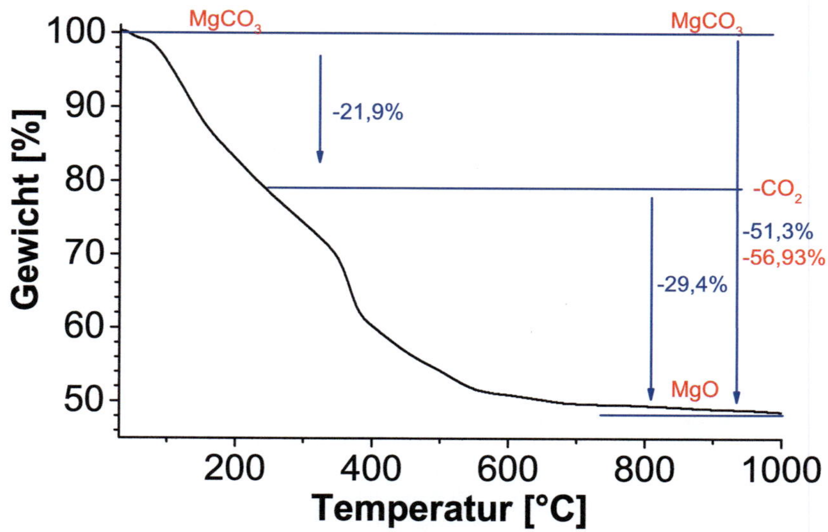

Abbildung 5.44: *Das Ergebnis der Thermogravimetrie von Magnesiumcarbonat-Hohlkugeln. Berechnete Stufen in rot, gemessene Werte in blau.*

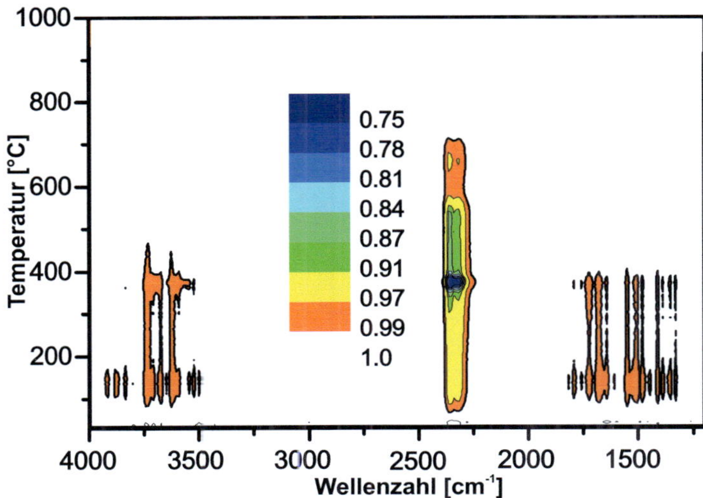

Abbildung 5.45: *3D-Darstellung der IR-gekoppelten thermogravimetrischen Messung: Die Bandenintensität nimmt von orange nach blau zu, die Temperatur steigt von unten nach oben.*

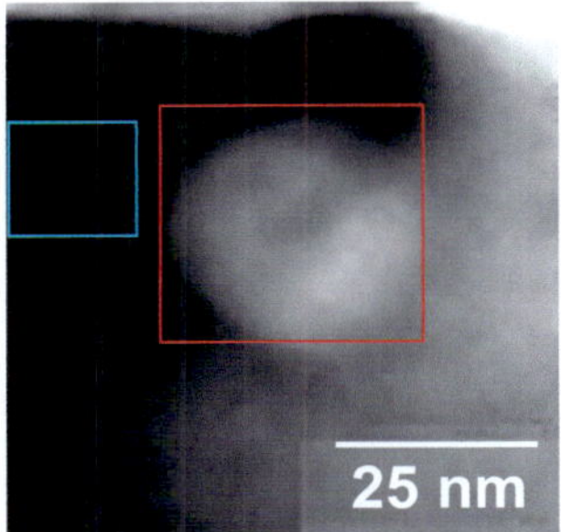

Abbildung 5.46: *EDX-Aufnahme einer Magnesiumcarbonat-Hohlkugel (rot). Der abgezogene Hintergrund ist türkis markiert.*

Die EDX-Analyse zeigt eine Zusammensetzung von $Mg_{36\pm4}O_{64\pm4}$. Das entspricht innerhalb der Fehler einem Verhältnis Magnesium zu Sauerstoff von 1:2. Für eine Verbindung mit der Formel $MgCO_3$ ist ein Verhältnis von 1:3 zu erwarten. Da bei der TEM-Analytik eine sehr schnelle Zersetzung der Partikel zu beobachten und in der Thermogravimetrie die Zersetzung der Partikel zu Magnesiumoxid zu sehen ist, ist ein zu geringer Sauerstoffwert erklärbar. Zudem ist die quantitative Analyse von leichten Elementen (1. und 2. Periode des Periodensystems) in der EDX-Analyse stark fehlerbehaftet.

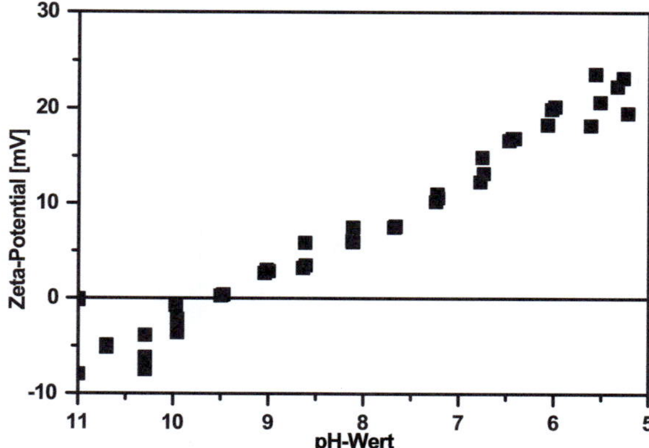

Abbildung 5.47: *Zetapotential von Magnesiumcarbonat-Hohlkugeln beginnend bei pH 11.*

Das Zetapotential zeigt, dass die Partikel eine zu geringe elektrostatische Stabilisierung haben, um eine stabile Suspension mit rein elektrostatisch stabilisierten Partikeln zu bilden. Der Grenzwert für elektrostatisch stabilisierte Partikel liegt bei >30 mV und <-30 mV.[30] Ein ausreichend hohes Potential würde erst bei pH-Werten von unter 5 erreicht werden. Im sauren pH-Bereich kommt es, wie für Magnesiumcarbonat zu erwarten,[175] zur Auflösung der Hohlkugeln. Daher wurden die Partikel analog zu den Gadoliniumcarbonat-Hohlkugeln für die *in vitro* Untersuchungen in 2,5 Gew.-% Dextranpuffer resuspendiert. Das Dextran sorgt für eine sterische Stabilisierung der Partikel, wie in der Literatur beschrieben (vgl. Kapitel **5.3.1**).[153-155] Darin sind die Partikel für eine Woche stabil, danach ist eine deutliche Sedimentation zu beobachten.

Die Oberflächen der Nanopartikel wurden mit volumetrischer Gassorption bestimmt. Dabei zeigt die Adsorptionskurve (**Abbildung 5.48**) Typ IV. Dies deutet auf Makro- oder Mesoporen von 1,5-100 nm hin, da die Poren bei höherem Druck gefüllt sind (vgl. Kapitel **5.1.3**).[158]

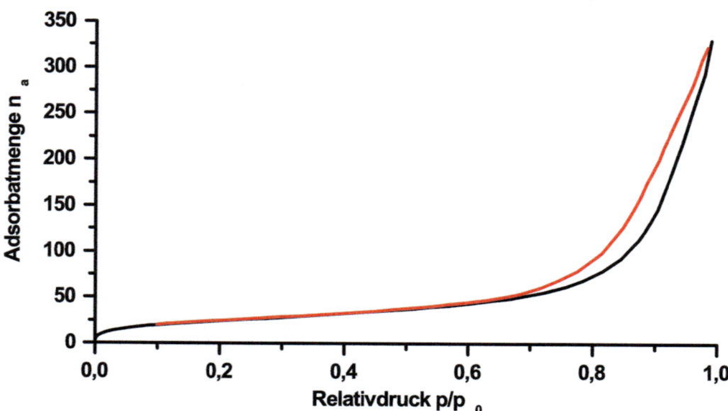

Abbildung 5.48: *Adsorptionsisotherme der Magnesiumcarbonat-Hohlkugeln. Adsorption (schwarz), Desorption (rot).*

Die Auswertung des BET-Plots (**Abbildung 5.49**) ergibt eine Oberfläche von 90 m²/g, was etwas über dem für Gadoliniumcarbonat-Hohlkugeln (67 m²/g) liegt, obwohl die durchschnittliche Partikelgröße der Magnesiumcarbonat-Hohlkugeln (35 nm) über der der Gadoliniumcarbonat-Hohlkugeln (22 nm) liegt, wobei bei den Gadoliniumcarbonat-Hohlkugeln von einer höheren Dichte auszugehen ist, da Gadolinium eine höhere Molmasse besitzt.

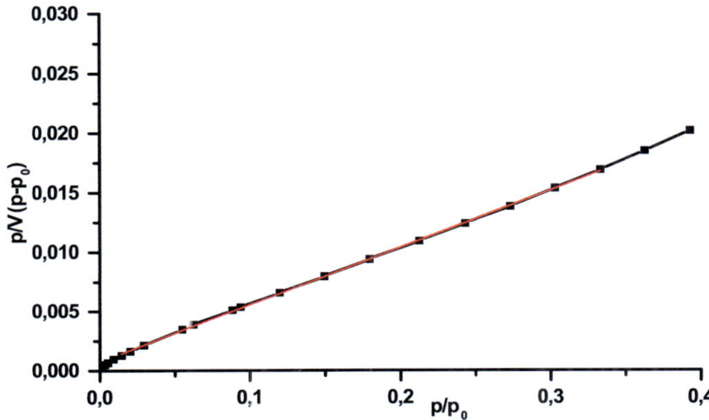

Abbildung 5.49: *Der BET-Plot wurde ausgewertet im linearen Bereich von 0,1-0,32.*

Die Porengrößenverteilung nach BJH (**Abbildung 5.50**) zeigt in Übereinstimmung mit den STEM-Daten Kavitätengrößen von 3-15 nm. Die deutlich größere Verteilung kommt daher, dass neben den Kavitäten in den Hohlkugeln auch Zwischenräume zwischen den Partikeln gemessen werden. Im Bereich von 1 nm sind keine Mesoporen sichtbar, sodass davon auszugehen ist, dass keine Poren in den Hohlkugelwänden sind. Kleinere Poren im Bereich von 0,4-1 nm in den Hohlkugelwänden, die für das Füllen der Kavitäten zuständig sein könnten, können nur über eine HRADS-Messung (*High-Resolution Adsorption*) bestimmt werden,[176] diese Messung wurde nicht durchgeführt. Da die Kavitäten jedoch sichtbar sind, ist von einem Vorhandensein von Ultramikroporen auszugehen. Für eine Freisetzung größerer organischer Verbindungen sind diese Poren jedoch zu klein, sodass es zu keiner Freisetzung eingeschlossener Substanzen ohne ein Auflösen der Partikelwand kommen sollte (vgl. Kapitel **5.6**).

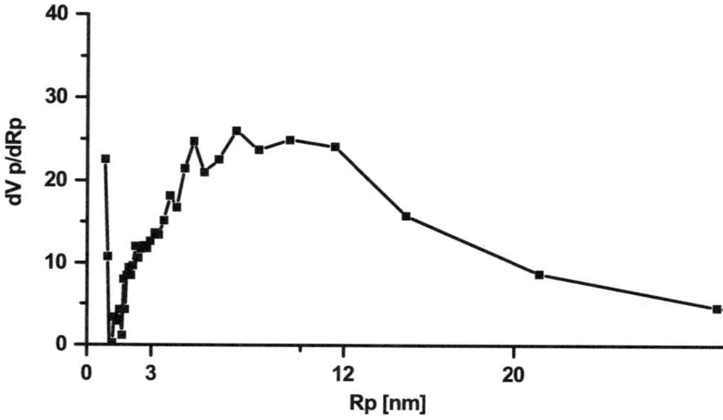

Abbildung 5.50: *Der BJH-Plot zeigt die Porengrößenverteilung der Magnesiumcarbonat-Hohlkugeln.*

Insgesamt ist für die Herstellung der Magnesiumcarbonat-Hohlkugeln in der gewählten Mikroemulsion mit di-*n*-Butylmagnesium und gasförmigem CO_2 eine Temperatur von 20 °C notwendig. Dann entstehen Hohlkugeln mit einem Durchmesser von 35±9 nm mit einer Kavität von 17±5 nm laut STEM-Analytik und einer spezifischen Oberfläche von 90 m²/g. Die Zusammensetzung der Partikel lässt sich über TG/IR-Messungen als $MgCO_3$ bestimmen. Dabei wird CO_2 freigesetzt und bei 1000 °C Magnesiumoxid erhalten.

5.4   Magnesiumoxid aus Magnesiumcarbonat-Hohlkugeln

5.4.1 Stand der Literatur

Magnesiumoxid kristallisiert in NaCl-Struktur.[177] Besonders wichtig ist Magnesiumoxid wegen seiner Eigenschaften und den damit verbundenen potentiellen industriellen Anwendungen in Arzneimitteln, als Halbleitermaterial, bei Flüssigkristall-, Elektrolumineszenz-, Plasma- und Fluoreszenz-Bildschirmen und weiteren Anwendungen als Substrat in dünnen Filmen für Supraleiter, reflektierenden und nicht reflektierenden Beschichtungen, als Zusatz zu Schweröl, bei der Sanierung von Giftmüllrückständen, in der Katalyse und bei Lithium-Ionen Batterien.[177-182] Die Eigenschaften von Magnesiumoxid-Nanopartikeln sollen gegenüber größeren Partikel die Eigenschaften für die genannten Anwendungen verbessern.[183] Die hohe Langzeitstabilität von Magnesiumoxid auch bei hohen Temperaturen macht Magnesiumoxid-Nanopartikel zu einem wichtigen Material in der Anwendung. Die Schmelztemperatur von Periclas liegt bei über 2800 °C.[184] Die Synthesewege zu nanoskaligem Magnesiumoxid sind vielfältig. Es kann beispielweise hergestellt werden über Sol-Gel-Prozesse, Hydrothermalsynthese, Pyrolyse, Laser-Verdampfung oder nasschemisch mit Tensiden. [177] Über Hydrothermalsynthesen werden aktuell Nanopartikel mit Oberflächen im Bereich von 100 m²/g erreicht.[185] Magnesiumoxid-Nanopartikel können zur Sorption saurer Gase eingesetzt werden.[185-186]

5.4.2 Synthese und Charakterisierung

In dieser Arbeit wurden die Magnesiumoxid-Partikel aus Magnesiumcarbonat-Hohlkugeln (Kap. **5.3.2**) durch Tempern für 72 h unter dynamischer Stickstoffatmosphäre bei 600 °C hergestellt. Dabei wurde im Ofen ein kontinuierlicher Stickstoffstrom über die Probe geleitet, um einen geringen CO_2-Partikaldruck zu erhalten. Durch die moderate Temperatur von 600 °C soll ein Zusammensintern der Partikel vermieden werden. Rasterelektronenmikroskopische Aufnahmen zeigen Partikelgrößen von 50-100 nm (**Abbildung 5.52**) von zumeist nicht sphärischen massiven Partikeln. Durch das Sintern der Magnesiumcarbonat-Hohlkugeln sind mehrere Hohlkugeln zu einem massiven Partikel zusammengesintert. Die dynamische Lichtstreuung zeigt nach Resuspendieren in Ethanol nur große Agglomerate von 900 nm, da die Partikel durch das Tempern keinen Stabilisator auf der Oberfläche haben. Das Pulverdiffraktogramm (**Abbildung 5.51**) zeigt Periclas und eine über die Reflexverbreiterung bestimmte Kristallitgröße von 13 nm.

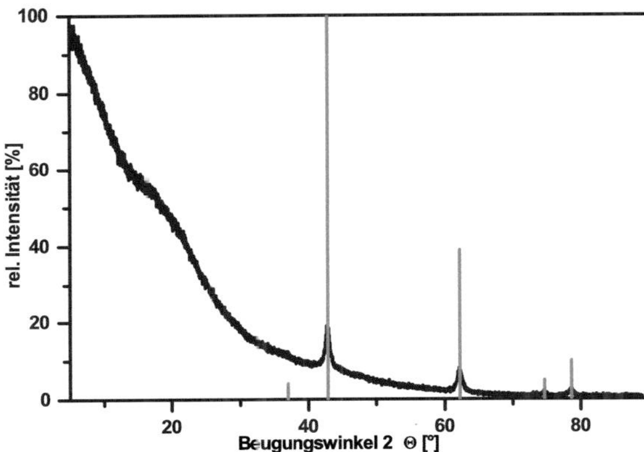

Abbildung 5.51: *Pulverdiffraktogramm von Magnesiumoxid mit Periclas als Referenz (rot)* [173].

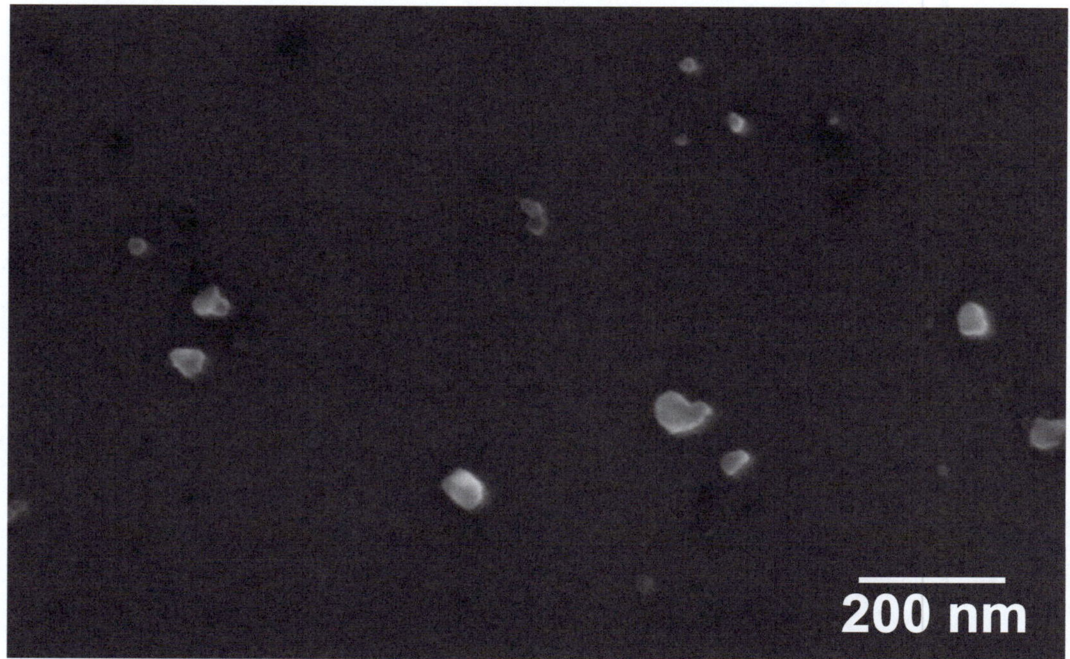

Abbildung 5.52: *REM-Abbildung von Magnesiumoxid-Partikel. Aufgenommen bei 5 kV.*

Für die Gasspeicherung und die katalytische Anwendbarkeit sehr wichtig ist die zugängliche Oberfläche, die mit Hilfe volumetrischer Gasadsorption bestimmt wurde. Dabei zeigt sich eine Typ IV-Adsorptionskurve (**Abbildung 5.53**). Dies deutet auf Makro- oder Mesoporen von 1,5-100 nm hin, da die Poren bei höherem Druck gefüllt sind (vgl. Kapitel **5.1.3**).[158]

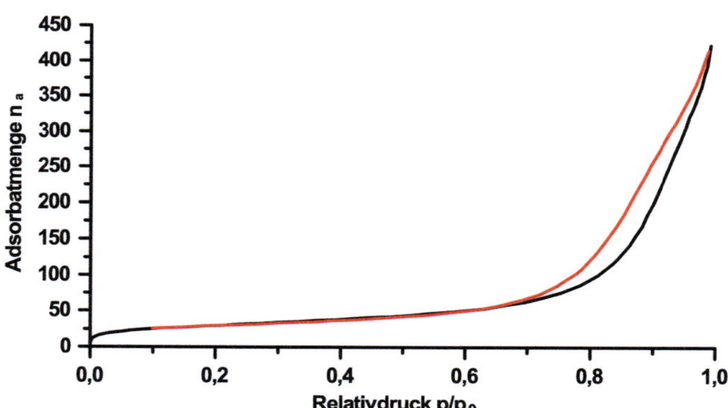

Abbildung 5.53: *Adsorptionsisotherme der Magnesiumoxid-Partikel. Adsorption (schwarz), Desorption (rot).*

Die Auswertung des BET-Plots (**Abbildung 5.54**) ergibt eine Oberfläche von 110 m²/g, was im erwarteten Bereich für Nanopartikel liegt.[158]

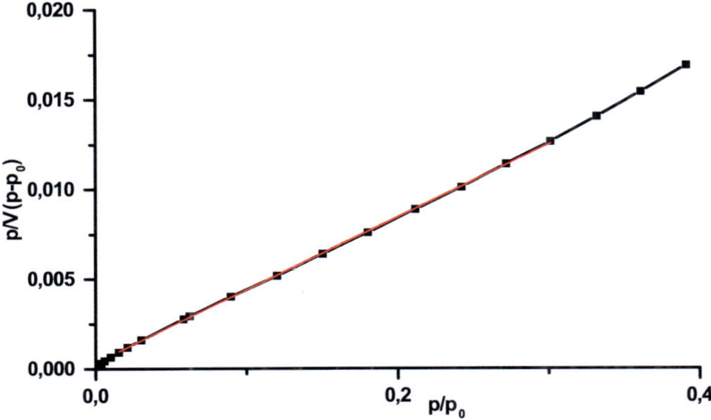

Abbildung 5.54: *Der BET-Plot wurde ausgewertet im linearen Bereich von 0,1-0,3.*

Die Porengrößenverteilung nach BJH (**Abbildung 5.55**) zeigt Poren im Bereich von 3-15 nm. Sie steigt im Vergleich zu den Hohlkugel-Porengrößen deutlich stärker an und läuft in den Bereich der größeren Zwischenräume flacher ab. Darin lassen sich die Partikelzwischenräume erkennen. Im Bereich von 1 nm sind keine Mesoporen sichtbar, was auf nicht vorhandene Poren hinweist.

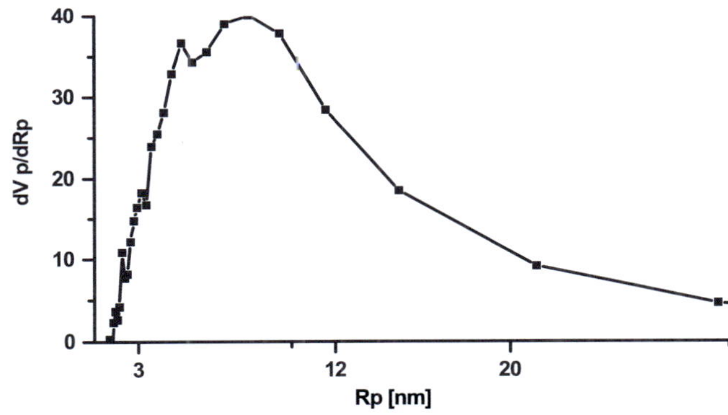

Abbildung 5.55: *Der BJH-Plot zeigt die Porengrößenverteilung der Magnesiumoxid-Partikel.*

Der neue Syntheseweg zur Herstellung von Magnesiumoxid-Partikeln führt zu, mit der Literatur[187] vergleichbaren, Partikelgrößen von 50-100 nm und einer Oberfläche von 110 m²/g. Dabei ist zu berücksichtigen, dass der hier vorgestellte Syntheseweg deutlich aufwändiger ist als andere Alternativen (vgl. Kapitel **5.4.1**) und bisher keine Vorteile gegenüber anderen Synthesemethoden gezeigt hat.

5.5 Doxorubicin in Magnesiumcarbonat-Hohlkugeln

Doxorubicin-gefüllte Nanocontainer werden in der medizinischen Forschung zur Reduktion von Nebenwirkungen bei Chemotherapien untersucht. In Kapitel 5.2 wurde bereits die Herstellung und Untersuchung von Doxorubicin-gefüllten Gadoliniumcarbonat-

Hohlkugeln vorgestellt. Magnesiumcarbonat-Hohlkugeln sind, abgesehen von den magnetischen Eigenschaften, eine mögliche Alternative. Die toxische Dosis von freien Gadoliniumionen (Gd^{3+}) ist vergleichbar mit der von Bleiionen. Die Gadoliniumionen wirken, da sie einen ähnlichen Ionenradius wie Kalziumionen, aber ein höheres Molgewicht haben, unter anderem nervenschädigend.[188] Darum sind Partikel interessant, bei deren Zersetzungprodukten eine geringe Toxizität zu erwarten ist. Die Toxizität von Mg^{2+} liegt in Tierversuchen bei über 240 mg/kg Körpergewicht.[189] Die im Vergleich zu Gadoliniumcarbonat etwas geringere Löslichkeit von Magnesiumcarbonat kann im Körper sogar vorteilhaft sein, um eine langsamere Freisetzung des Doxorubicins zu erzielen (vgl. Kapitel **5.6**). Außerdem hat Magnesium ein geringes Molgewicht, sodass ein größerer Massenprozentsatz Doxorubicin gegenüber dem bei Gadoliniumcarbonat möglich sein sollte. Die Doxorubicin-gefüllten Magnesiumcarbonat-Hohlkugeln wurden analog zu den Magnesiumcarbonat-Hohlkugeln (vgl. Kapitel **5.3.2**) hergestellt. Zusätzlich wurde das Doxorubicin vor der Etablierung der Mikroemulsion in der polaren Phase gelöst. Einen erfolgreichen Einschluss des Doxorubicins kann man belegen durch UV/Vis-spektroskopische Messungen. Er ist aber auch über eine violette Färbung der Partikel, die ohne Doxorubicin weiß sind, sichtbar. Die Bande bei 500 nm ist stark pH-abhängig und bei den Hohlkugeln zu höheren Wellenlängenbereichen verschoben (Kapitel **5.2**)(**Abbildung 5.56**).

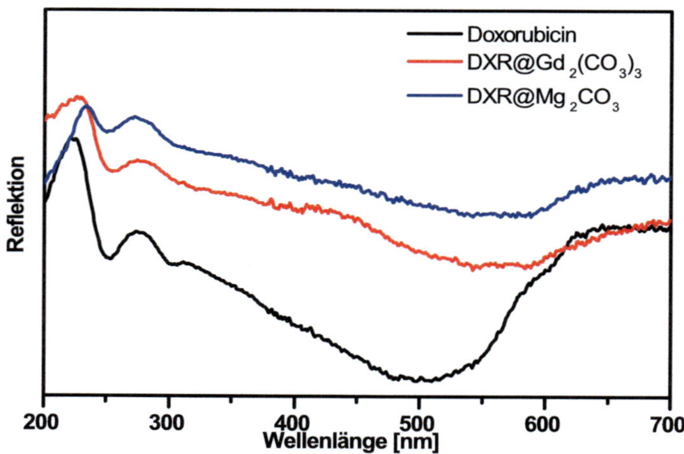

Abbildung 5.56: *UV/Vis-Reflektionsmessung von Doxorubicin (schwarz), Doxorubicin in Magnesiumcarbonat-Hohlkugeln (blau) in Bariumsulfat.*

In vitro Untersuchungen an *HeLa*- und *HepG2*-Zellen

Der Einfluss auf die Überlebensrate von mutierten Zellen durch $DXR@MgCO_3$ wurde mit Hilfe des MTT-Tests untersucht. Dabei wurden wieder zwei unterschiedliche Zelllinien (*HeLa* (**Abbildung 5.57**) und *HepG2* (**Abbildung 5.58**)) mit verschiedenen Konzentrationen an $DXR@MgCO_3$ versetzt und nach 72 h mit unbehandelten Zellen verglichen. Die Konzentrationen sind für DXR@MgCO$_3$ bei c_{DRX}=0,25/0,5/1,0 µM und entsprechend c_{MgCO3}= 3/6/12 mg/L, für wirkstofffreies MgCO$_3$ bei c_{MgCO3}= 3/6/12 mg/L und bei freiem Doxorubicin bei c_{DRX}=0,25/0,5/1,0 µM. Bei beiden Zelllinien wurde die Zellüberlebensrate deutlich durch DXR@MgCO$_3$ verringert, dabei ist eine Wirksamkeit auch schon bei geringen Konzentrationen zu sehen (LD$_{50}$~0,5 µM bei *HeLa*, LD$_{50}$~0.5 µM bei *HepG2*). Die Überlebensrate der Zellen ist besonders bei geringen Konzentrationen (0,25 µM) leicht verringert gegenüber reinem Doxorubicin. Leere MgCO$_3$-Hohlkugeln zeigen, außer bei der höchsten Konzentration von 1 µM, keinerlei Toxizität.

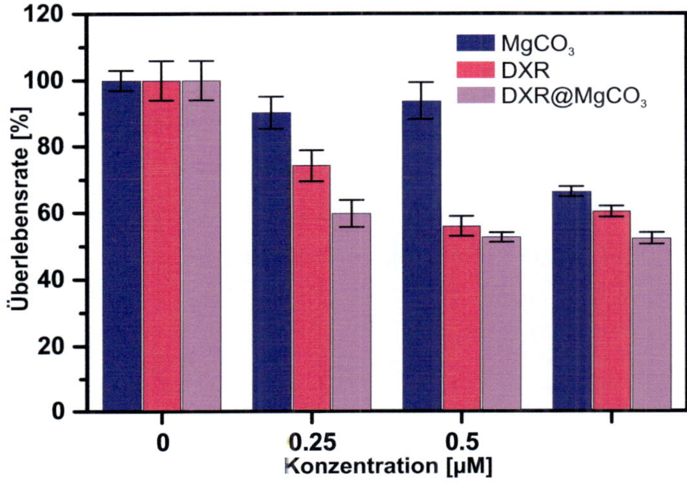

Abbildung 5.57: *In vitro Zytotoxizität von DXR@MgCO$_3$ in HeLa-Zellen verglichen mit leeren MgCO$_3$-Hohlkugeln und freiem Doxorubicin, Konzentration [µM] von Doxorubicin bzw. äquivalenter MgCO$_3$-Hohlkugelkonzentraion.*

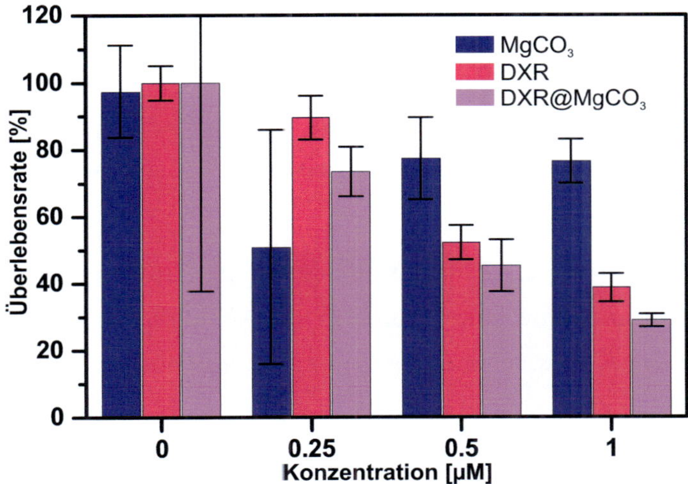

Abbildung 5.58: *In vitro Zytotoxizität von DXR@MgCO$_3$ in HepG2-Zellen verglichen mit leerer MgCO$_3$-Hohlkugeln und freiem Doxorubicin. Der reduzierte Balken bei MgCO$_3$@0.25 µM ist eine deutliche Abweichung mit erhöhtem Fehlerbalken. Konzentration [µM] von Doxorubicin bzw. äquivalenter MgCO$_3$-Hohlkugelkonzentration.*

Insgesamt zeigt DXR@MgCO$_3$ eine erhöhte Wirksamkeit bei Krebszellen gegenüber freiem Doxorubicin. Es ist davon auszugehen, dass ein effizienterer Aufnahmeweg in die Zelle durch die Einkapselung in MgCO$_3$-Hohlkugeln die Ursache dafür ist. Die MgCO$_3$-Hohlkugeln zeigen keine generelle Toxizität. Daher wird der Schluss gezogen, dass aus DXR@MgCO$_3$ in den Zellkern freigesetztes Doxorubicin die Ursache für die Wirksamkeit ist. Diese Freisetzung wurde über 72 h beobachtet.

Insgesamt DXR@MgCO$_3$ zeigt, verglichen mit DXR@Gd$_2$(CO$_3$)$_3$ (vgl. S. 65), eine leicht reduzierte Wirksamkeit, während von einer systemischen Toxizität bei MgCO$_3$, verglichen mit Gd$_2$(CO$_3$)$_3$, nicht auszugehen ist. Ein Mischcarbonat aus MgCO$_3$ und Gd$_2$(CO$_3$)$_3$, um die MRT-Kontrastmittelfähigkeit (vgl. Kapitel **5.1.3**) bei verringerter Toxizität zu erhalten, konnte in einer gemeinsamen Synthese nicht hergestellt werden. Bei Reaktionstemperaturen von 25-30 °C entstand kristallines MgCO$_3$ neben Gadoliniumcarbonat-Hohlkugeln. Bei einer Temperatur von 20 °C entstand kristallines Gd$_2$(CO$_3$)$_3$. Die Synthesebedingungen, unter denen beide Carbonat-Hohlkugeln entstehen, sind jeweils zu definiert, sie überschneiden sich nicht.

5.6   Freisetzungen von Doxorubicin aus Carbonat-Hohlkugeln

Das Doxorubicin ist in den Hohlkugeln eingeschlossen, und Zelluntersuchungen konnten die Wirksamkeit dieses Doxorubicins zeigen. Um die Containerfunktionalität weiter zu untersuchen, wurden Freisetzungsraten für die Freisetzung von Doxorubicin aus den Gadoliniumcarbonat- und Magnesiumcarbonat-Hohlkugeln untersucht. Mit zwei Untersuchungsmethoden, der Dialyseschlauch- und der Zentrifugenmessung, lässt sich sowohl die absolute ungestörte Freisetzung als auch – materialsparend - eine relative Freisetzung bestimmen.

Eine in der Literatur[109] verwendete Methode ist der Einschluss der Partikel in einen Dialyseschlauch. Dazu wird die Probe in Dextranpuffer resuspendiert, in einen Dialyseschlauch eingeschlossen und dieser in einer Pufferlösung mit verschiedenen pH-Werten eingelegt. Die nanoskaligen Hohlkugeln und das darin eingeschlossene Doxorubicin werden im Dialyseschlauch zurückgehalten. In den umgebenden Puffer gelangt durch die Membran nur freies Doxorubicin. Der Puffer wird dabei kontinuierlich durch eine UV/Vis-Durchflussküvette (vgl. **Abbildung 4.2**) gepumpt und die Absorption bei fester Wellenlänge (500 nm) gemessen. Die Freisetzungsraten lassen sich damit relativ zueinander sehr gut bestimmen. Da die Freisetzung durch die semipermeable Membran des Dialyseschlauches zusätzlich behindert wird, ist eine absolute Freisetzungsrate so nicht bestimmbar. Dieses

Problem wird in der Literatur für Freisetzungsraten über Dialyseschläuche nicht diskutiert.[109]

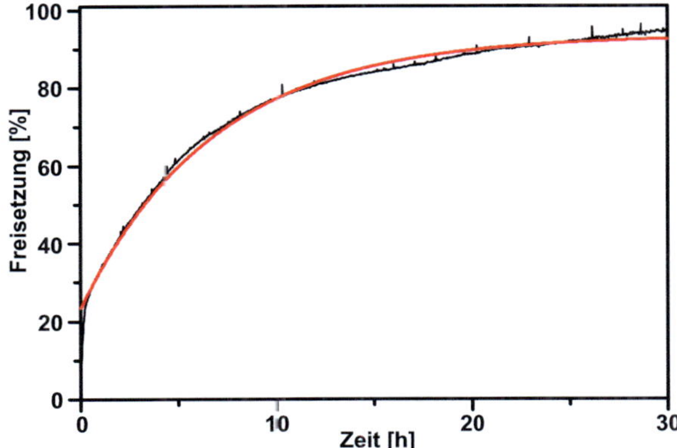

Abbildung 5.59: *Freisetzung von Doxorubicin aus dem Dialyseschlauch mit Gadoliniumcarbonat-Hohlkugeln bei 37 °C und pH 7,4 in Carbonatpuffer über 24 h (schwarz) mit Exponentialfit (rot).*

Als Alternative zur Verwendung einer Membran zum Zurückhalten der Partikel wurde nach festgelegten Zeiten der gesamte Feststoff aus der Suspension in Zentrifugenröhrchen abzentrifugiert, die Doxorubicinkonzentration im Überstand wurde UV/Vis-spektroskopisch bestimmt. Die Messungen ermöglichen die Bestimmung absoluter Freisetzungsraten ohne Membranen. Durch die Membran wird ein freier Austausch von Doxorubicin und den Zersetzungsprodukten der Hohlkugeln, Mg^{2+} bzw. Gd^{3+} und CO_3^{2-} zwischen der Pufferlösung innerhalb und der außerhalb des Dialyseschlauches verlangsamt. Die genauen Zeitpunkte des Abbruchs der Freisetzung durch Zentrifugation werden jedoch durch fünfminütiges Zentrifugieren unscharf. Auch ist die Fehlerabhängigkeit dieser Messmethode deutlich größer, da zahlreiche Fehlerfaktoren bei der Probenpräparation und Messnahme vorliegen. Unterschiedliche Rühreffekte in den Zentrifugenröhrchen, ungleichmäßige Temperaturen oder unterschiedliche stabile Feststoffkuchen am Zentrifugenrohrboden beeinflussen die Messung deutlich. Außerdem ist der personelle Aufwand deutlich größer und es können deutlich weniger Messwerte aufgenommen werden, da für jeden Messwert die Probe zerstört wird. Bei den Dialysemembranen reicht ein Probenvolumen zur Messung aller Messwerte einer Messreihe. Dadurch können bei der Zentrifugenmessung deutlich weniger Messpunkte aufgenommen werden. Es wurden verschiedene Bedingungen getestet. Dabei wurden Bedingungen von pH 6, 7, 7,4 und 8 sowie Temperaturen von 20 °C und 37 °C ausprobiert. Exemplarisch gezeigt wird der Freisetzungsverlauf bei annähernd physiologischen Bedingungen (pH 7,4 / 37 °C) (**Abbildung 5.59, Abbildung 5.60**).

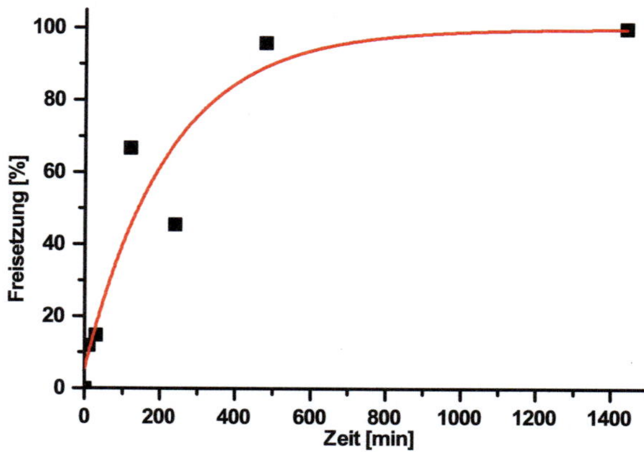

Abbildung 5.60: *Freisetzung von Doxorubicin aus Gadoliniumcarbonat-Hohlkugeln bei 37 °C und pH 7,4 in Carbonatpuffer über 24 h mit Exponentialfit (rot).*

Die Freisetzungsraten werden über einen exponentiellen Fit bestimmt. Er beschreibt ein begrenztes Wachstum, wie es bei einer Freisetzung zu erwarten ist.

$$f(x) = y_0 - A_1 * e^{\frac{-x}{k}} \tag{5.1}$$

f(x): Fitfunktion, y_0: Verschiebung, A_1: Amplitude, k: Zerfallskonstante, 1/k: Freisetzungsrate.

Die Messdaten zeigen bei den relativen Freisetzungsraten (**Tabelle 3**) eine deutlich verlangsamte Freisetzung bei Erhöhung des pH-Werts und niedrigeren Temperaturen (20 °C). Es zeigt sich, dass die Freisetzung aus Magnesiumcarbonat-Hohlkugeln im Vergleich zu Gadoliniumcarbonat-Hohlkugeln deutlich langsamer verläuft.

Tabelle 3: *Relative Freisetzungsraten aus den Membranexperimenten bei unterschiedlichen Bedingungen.*

rel. Freisetzungs-rate [min^{-1}]	$Gd_2(CO_3)_3$ pH 6	$Gd_2(CO_3)_3$ pH 7	$Gd_2(CO_3)_3$ pH 7,4	$Gd_2(CO_3)_3$ pH 8	$MgCO_3$ pH 7	$MgCO_3$ pH 7,4
20 °C	0,0643	0,0212				
37 °C		0,3017	0,2010	0,1465	0,2400	0,0488

Bei den absoluten Freisetzungsraten von Doxorubicin aus Gadoliniumcarbonat zeigt sich, dass die Freisetzung von 50% des in den Hohlkugeln enthaltenen Doxorubicins unter physiologischen Bedingungen in unter 1 h zu erwarten ist (**Tabelle 4**).

Tabelle 4: *Absolute Freisetzungsraten von Doxorubicin aus Gadoliniumcarbonat-Hohlkugeln bei 37 °C über Zentrifugenexperimente.*

	t (50% Freisetzung) [min]	1/k Freisetzungsrate [min⁻¹]
pH 6	20	0,2614
pH 7	25	0,0127
pH 7,4	40	0,0121

Über Messungen unter vergleichbaren Bedingungen bei Zentrifugen- und Membranexperimenten lassen sich mittels Umrechnungsfaktoren aus den Membranexperimenten mit relativen Freisetzungsraten absolute Freisetzungsraten bestimmen. Daraus ergibt sich, dass bei physiologischem pH-Wert von 7,4 und 37 °C eine 50%ige Freisetzung von Doxorubicin aus Gadoliniumcarbonat nach 40 min und aus Magnesiumcarbonat nach 130 min vorliegt. Die verlangsamte Freisetzung von Doxorubicin unter physiologischen Bedingungen lässt sich demnach über die Wahl des Einschlussmaterials steuern (**Abbildung 5.61**). Die Freisetzungsraten sind bei geringerem pH-Wert erhöht, was zu einer verstärken Freisetzung in Tumorgewebe mit niedrigem pH-Wert[123] führen kann.

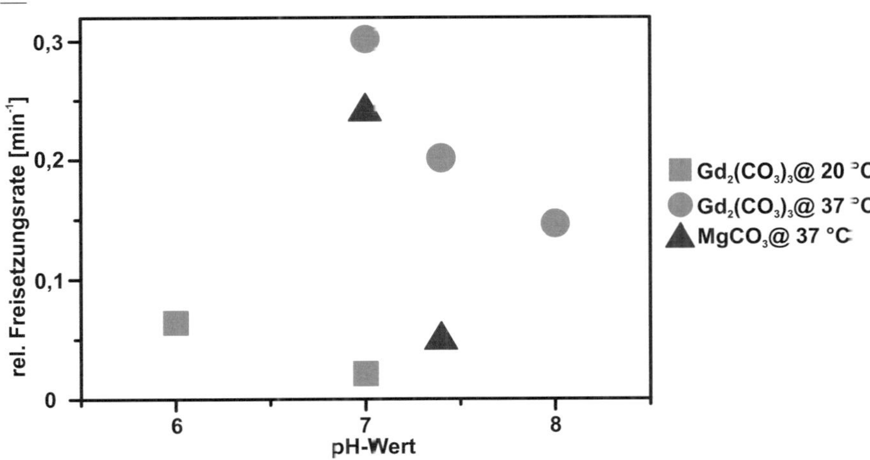

Abbildung 5.61: *Relative Freisetzungsraten im Vergleich.*

6 Nanoskalige Partikel aus Mikroemulsionen

Die Herstellung nanoskaliger Hohlkugeln setzt eine genaue Kenntnis der Syntheseparameter voraus. Mit der in Kapitel 4.3 vorgestellten W/O-Mikroemulsion mit CTAB und Dodekan werden Partikel bei vergleichbaren Bedingungen mit unterschiedlichen Edukten hergestellt. Die Synthesen dienen nicht in erster Linie der Vorstellung neuer Partikelgrößen oder -formen, sondern der Erforschung der Parameter zur Entstehung nanoskaliger Partikel und Hohlkugeln. In Kapitel 6.1 werden Ergebnisse von Barium-, Blei- und Calciumcarbonaten gezeigt, die, ausgehend von ihren Pentamethyl-cyclopentadienylderivaten, mittels Überleiten von gasförmigem CO_2 hergestellt wurden. In Kapitel 6.2 wird die Mikroemulsion mit Kaliumfluorid versetzt, um zu zeigen, dass auch durch Zusatz von gelösten Anionen Nanopartikel in der gewählten Mikroemulsion hergestellt werden können. Die Kapitel 6.3 bis 6.5 sollen zeigen, dass auch mehrwertige Anionen, in der für die Synthese notwendigen Konzentration die Mikroemulsion nicht zerstören und die Frage klären, ob eine Herstellung von nanoskaligen Phosphaten, Sulfaten und Chromaten möglich ist. In der Literatur werden Nanopartikel aus den untersuchten Materialien bereits beschrieben. Sie werden in einer Mikroemulsion, beispielweise Calciumcarbonat,[190] ohne Mikroemulsion nur durch den Einsatz von Tensiden, beispielsweise Bariumcarbonat,[191] oder über Gasphasensynthese, beispielsweise Calciumfluorid,[192] hergestellt. Bisher wurde in der Literatur der Einfluss von Tensiden, auch ohne den Einsatz von Mikroemulsionen, über die Belegung von bestimmten Kristallflächen untersucht.[191, 193] Dabei werden durch das Tensid, beispielsweise CTAB, unterschiedliche Oberflächen der Kristalle belegt und damit das Kristallwachstum in einzelnen Richtungen eingeschränkt. In diesem Kapitel soll der Einfluss des Metallprecursors, der Reaktionstemperatur, des Anions und des entsprechenden Reaktionsprodukts diskutiert werden.

6.1 Carbonate

6.1.1 Bariumcarbonat

Die Bariumcarbonat-Partikel werden in einer CTAB-Mikroemulsion (vgl. Kapitel **4.3**) bei 20 °C und unter CO_2–Strom aus Barium(II)-bis(pentamethylcyclopentadienyl) als Precursor hergestellt. In der in dieser Arbeit verwendeten CTAB-Mikroemulsion wurden durch Einleiten von gasförmigem CO_2 keine sphärischen Partikel, sondern rechteckige längliche

Kristalle von 50-500 nm Länge erhalten, ihr Durchmesser ist jeweils etwa halb so groß (**Abbildung 6.2, Abbildung 6.3**). Die dynamische Lichtstreuung zeigt eine durchschnittliche Partikelgröße von 380 nm, wobei die dabei gemessene Größe nichtsphärischer Partikel von deren Partikellänge geprägt ist. Das Pulverdiffraktogramm zeigt Witherit als Kristallstruktur (**Abbildung 6.1**). Auf STEM-Aufnahmen sind massive Partikel erkennbar (**Abbildung 6.4**). Die Gruppe um *L. Yang*[191] konnte Bariumcarbonat-Partikel mit CTAB als Stabilisator synthetisieren und hat einen großen Einfluss des Tensids auf die Morphologie festgestellt. Sie erhielt sphärische Partikel von 30-300 nm Größe. Im Vergleich zur Literatur lässt sich feststellen, dass die synthetisierten Partikel denen von *L. Yang* in ihrem Längenverhältnis den Partikeln ohne CTAB (ca. 10:1 Länge zu Durchmesser) entsprechen und in ihrer Größe denen mit CTAB (ca. 200 nm), wobei *L. Yang* sphärische Partikel mit CTAB erhielt.[191]

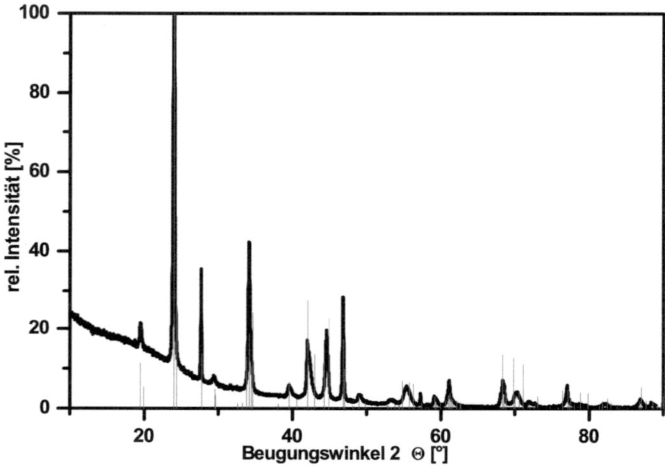

Abbildung 6.1: *Pulverdiffraktogramm von Bariumcarbonat mit Witherit als Referenz (rot).*[194]

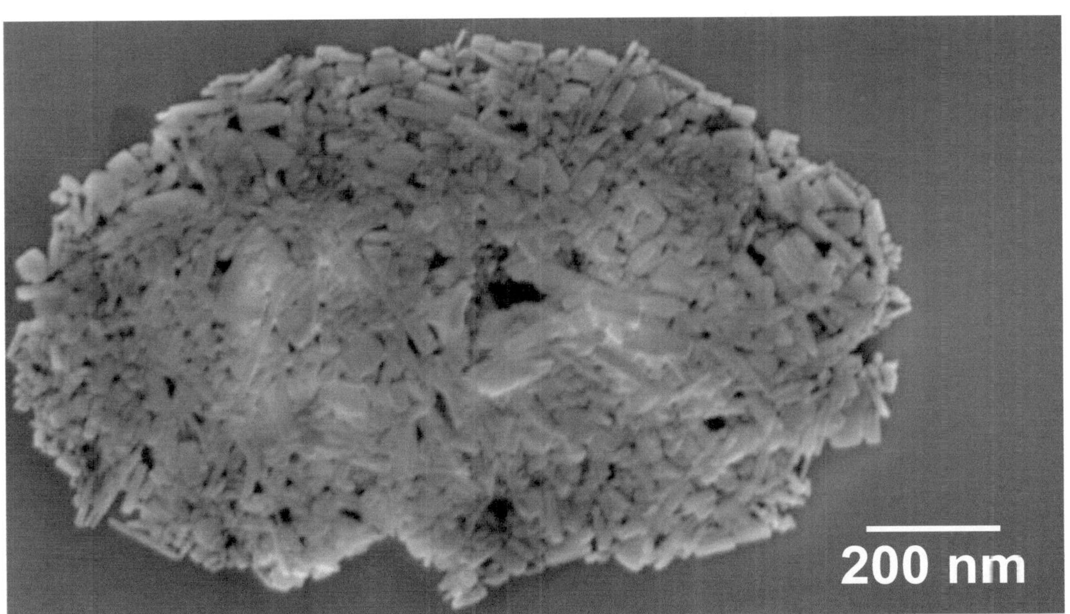

Abbildung 6.2:   *REM-Abbildung von Bariumcarbonat-Kristallen. Aufgenommen bei 10 kV.*

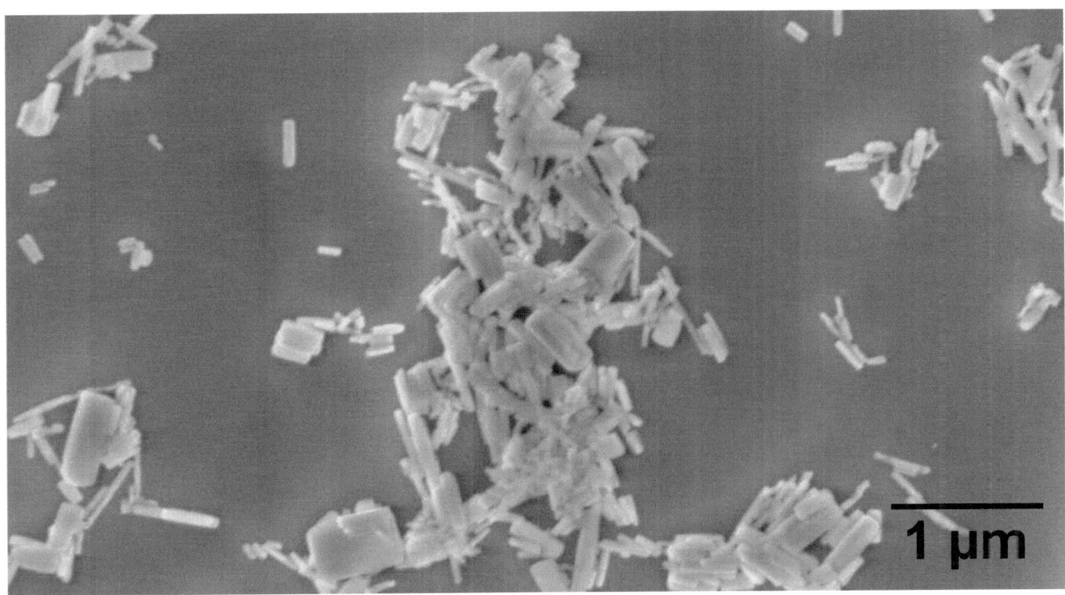

Abbildung 6.3:   *REM-Abbildung von Bariumcarbonat-Kristallen. Aufgenommen bei 10 kV.*

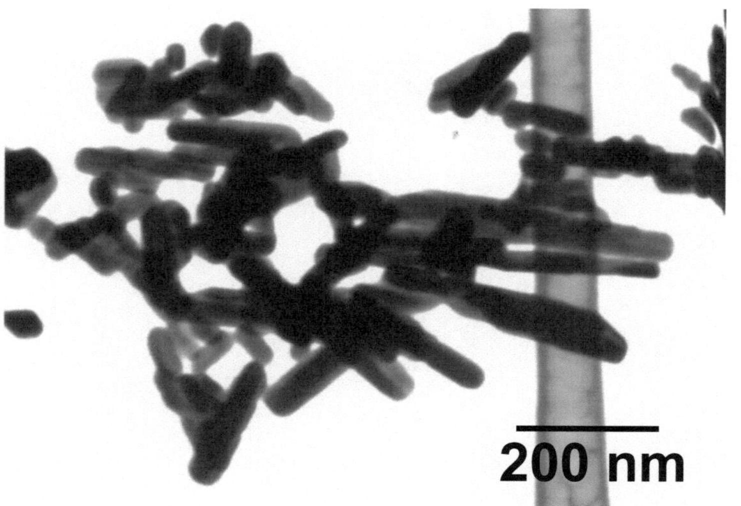

Abbildung 6.4:   *STEM-Aufnahme von Bariumcarbonat-Kristallen. Aufgenommen im STEM-Modus bei*
30 kV.

6.1.2 Bleicarbonat

Die Bleicarbonat-Partikel werden in einer CTAB-Mikroemulsion (vgl. Kapitel **4.3**) bei
20 °C und unter CO_2–Strom aus Blei(II)-bis(pentamethylcyclopentadienyl) als Precursor
hergestellt. Analog zu Bariumcarbonat ließen sind längliche rechteckige Kristalle aus
Bleicarbonat erzeugen. Laut DLS sind diese mit 40 nm deutlich kleiner als die
Bariumcarbonatkristalle. Auch die Kristallinität ist bei ihnen deutlich geringer. Im
Pulverdiffraktogramm (**Abbildung 6.5**) lassen sich die Reflexe von Bleicarbonat aufgrund
einer deutlichen Linienverbreiterung und vieler Reflexüberlagerungen nur durch eine
Erhöhung der Grundlinie erkennen. Im Rasterelektronenmikroskop (**Abbildung 6.6**) sind
längliche Kristalle von 100 nm Länge und 30 nm Durchmesser zu sehen.

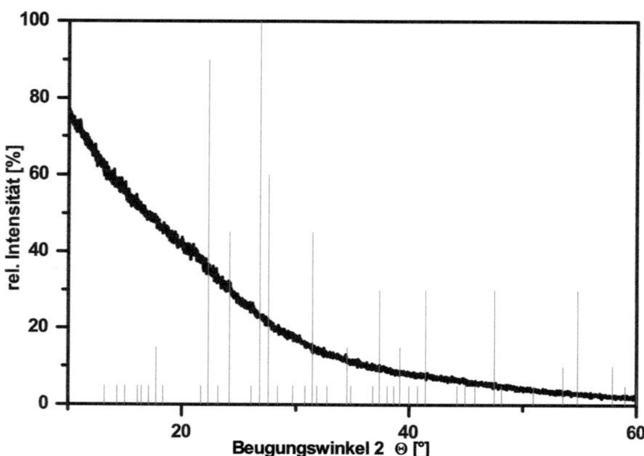

Abbildung 6.5:   *Pulverdiffraktogramm von amorphem Bleicarbonat mit Referenz (rot)*[195].

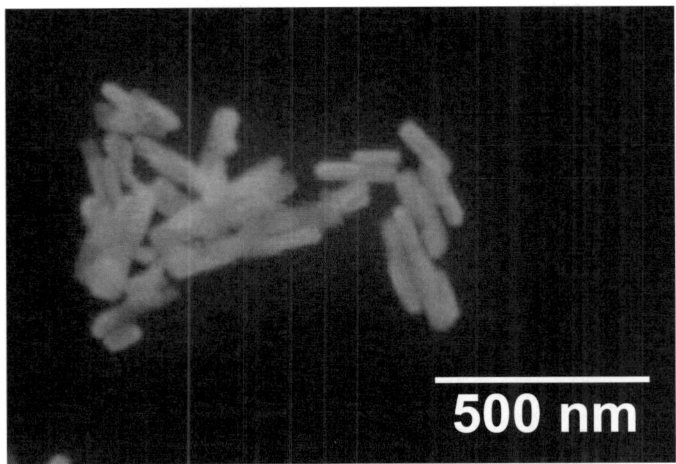

Abbildung 6.6:   *REM-Abbildung von Bleicarbonat-Kristallen. Aufgenommen bei 10 kV*

6.1.3 Calciumcarbonat

Die Herstellung von Calciumcarbonat-Nanopartikeln ist in der Literatur in unterschiedlichster Weise sehr oft beschrieben worden.[196] Als Stabilisator zur Einstellung der Partikelmorphologie kommt häufig CTAB zum Einsatz.[193, 197-198] Im Arbeitskreis um *C. Feldmann* sind nanoskalige Hohlkugeln mit Gelatinefüllung hergestellt worden. [199] Ohne Gelatine konnten in dieser Arbeit mit Calcium(II)-bis(pentamethylcyclopentadienyl) als Precursor Nanopartikel mit einer Größe von 70 nm laut DLS hergestellt werden. Die Calciumcarbonat-Partikel werden in einer CTAB-Mikroemulsion (Kapitel **4.3**) bei 20 °C und unter CO_2–Strom aus Calcium(II)-bis(pentamethylcyclopentadienyl) als Precursor hergestellt. STEM-Aufnahmen (**Abbildung 6.7**) zeigen sphärische poröse Partikel mit einer Größe um 70 nm. Das Infrarotspektrum zeigt deutliche Carbonatbanden (**Abbildung 6.8**). Nach der Literatur von *Andersen* sind die Carbonatbanden: ν_1(symmetische C-O Streckungsmode)=1081 cm^{-1}, ν_2(*out-of-plane* Deformations-Mode)=880 cm^{-1}, ν_3(asymmetrische Streck-Mode)=1490+1433 cm^{-1}, ν_4(OCO Biegung (*in-plane* Deformations Mode))=744+709 cm^{-1}, sowie die antisymmetrische und symmetrische Streckschwingung von Wasser (OH)=3416+3228 cm^{-1}.[200]

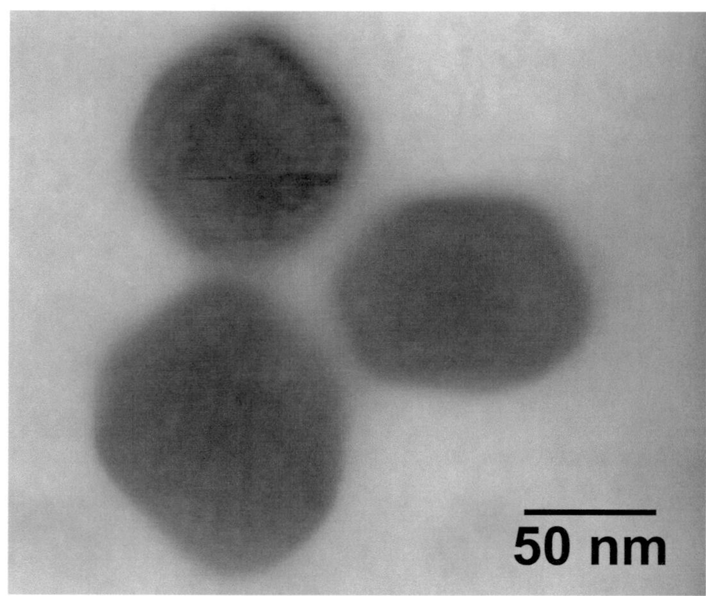

Abbildung 6.7:   *STEM-Abbildung der Calciumcarbonat-Partikel. Aufgenommen im STEM-Modus bei 30 kV.*

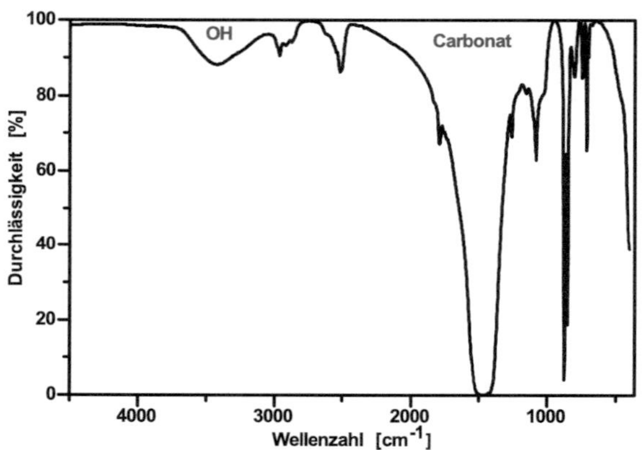

Abbildung 6.8:   *IR-Spektrum der Calciumcarbonat-Partikel.*

Um die Bedeutung des Precursor zu untersuchen, wurde eine weitere Synthese mit einem anderen Precursor durchgeführt. In den REM-Aufnahmen (**Abbildung 6.10, Abbildung 6.11**) sieht man deutlich eine andere Morphologie. Bei sonst gleichen Synthesebedingungen wurde ein anderer Precursor (Calcium-2-ethylhexanoat), der deutlich schlechter in der organischen Phase löslich ist, gewählt. Es entstehen vollständig andere Partikel, die in der DLS Partikelgrößen von 500 nm und größer aufweisen. Im Pulverdiffraktogramm können drei verschiedene Phasen identifiziert werden (**Abbildung 6.9**). Es lassen sich nebeneinander Sterne, Rauten und Blüten erkennen. Ein zusätzliches Absenken der Temperatur von 20 °C auf 10 °C während der Synthese führt zur Bevorzugung ca. 10 µm langer Nadeln (**Abbildung 6.11**). Dass unterschiedliche CTAB-Konzentrationen in Lösung, auch ohne Mikroemulsion, die Morphologie und die Modifikation beeinflussen, wurde bei *Y. Deng* beobachtet.[197] Bei hohen CTAB-

Konzentrationen entstand nur Calcit.[197] Calcit bildet auch bei den hier vorgestellten Partikeln die Hauptphase. Da mehr Blüten als andere Partikelformen auf den REM-Aufnahmen zu sehen sind, wird davon ausgegangen, dass es sich bei den Blüten um Calcit handelt. Aragonit kristallisiert im orthorhombischen Kristallsystem, was gut mit den Sternen und spitzen Rauten korrespondiert. Der im hexagonalen Kristallsystem kristallisierende Vaterit passt, wenn einzelne Kristalloberflächen mit CTAB belegt sind, zu den einkristallinen Rauten auf den REM-Aufnahmen.

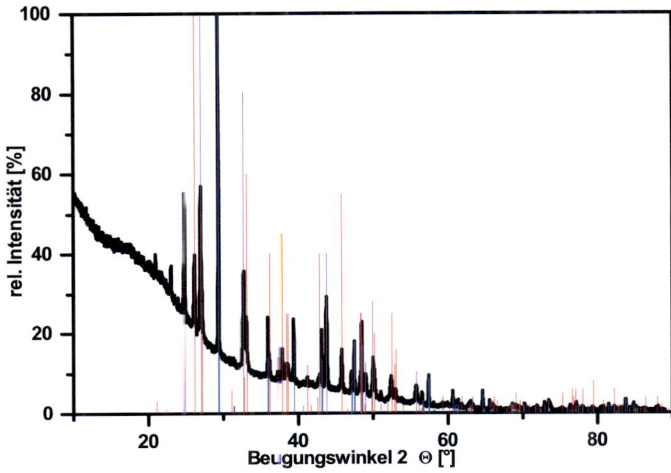

Abbildung 6.9: *Pulverdiffraktogramm der Calciumcarbonatpartikel mit drei unterschiedlichen Modifikationen, Vaterit (violet)[201], Calcit (blau)[202], Aragonit (rot)[203] als Referenzen.*

Abbildung 6.10: *REM-Abbildung der Calciumcarbonat-Kristalle. Aufgenommen bei 10 kV.*

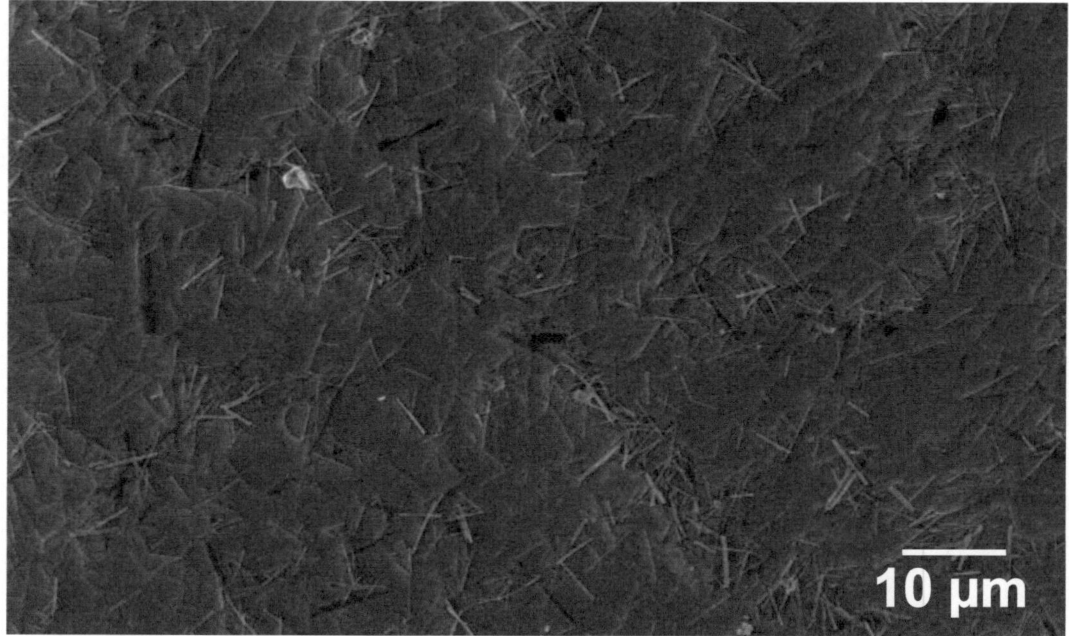

Abbildung 6.11: *REM-Abbildung der Calciumcarbonat-Nadeln. Aufgenommen bei 10 kV.*

6.2   Fluoride

6.2.1   Calciumfluorid

Nanostrukturiertes Calciumfluorid ist interessant als „flexible" Keramik.[204] Dabei sollen Keramiken mit erhöhter Flexibilität verglichen mit den ansonsten sehr spröden Werkstoffen entstehen. Calciumfluorid ist auch als Wirtsgitter für Leuchtstoffe mit Seltenerdionen interessant.[205] Dabei ist festzustellen, dass in der Literatur unterschiedliche Partikelgrößen von 10-200 nm hergestellt wurden.[192, 206]

Calciumfluorid-Partikel werden in dieser Arbeit in einer CTAB-Mikroemulsion (vgl. Kapitel **4.3**) bei 20 °C unter Zugabe von Kaliumfluorid zur polaren Phase der Mikroemulsion aus Calcium(II)-bis(pentamethylcyclopentadienyl) als Precursor hergestellt. In der DLS wurden große Agglomerate mit ungefähr 700 nm Durchmesser gemessen. Das Pulver-diffraktogramm zeigt Calciumfluorid mit einer Kristallitgröße von 28 nm. Dieser Wert wurde über die *Debye-Scherrer*-Gleichung berechnet. Er stimmt gut mit der Partikelgröße im Rasterelektronenmikroskop überein. Darin sind agglomerierte Partikel von ca. 30 nm Durchmesser und viele kleinere Partikel in den Zwischenräumen zu erkennen, die eine poröse Struktur bilden. Durch eine höhere Gitterenergie von Calciumfluorid gegenüber Calciumcarbonat kommt es bei Einsatz des gleichen Precursors dennoch zu kristallinen Partikeln. Verglichen mit der Literatur[192, 206] sieht man, dass die hier vorgestellten Partikel von 30 nm Größe zwar eine sehr gleichmäßige Partikelgröße haben, jedoch stärker agglomeriert sind.

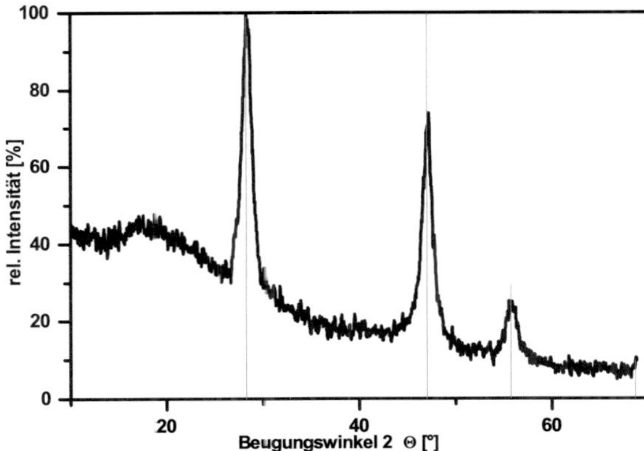

Abbildung 6.12: *Pulverdiffraktogramm von Calciumfluorid mit Referenz (rot)[207].*

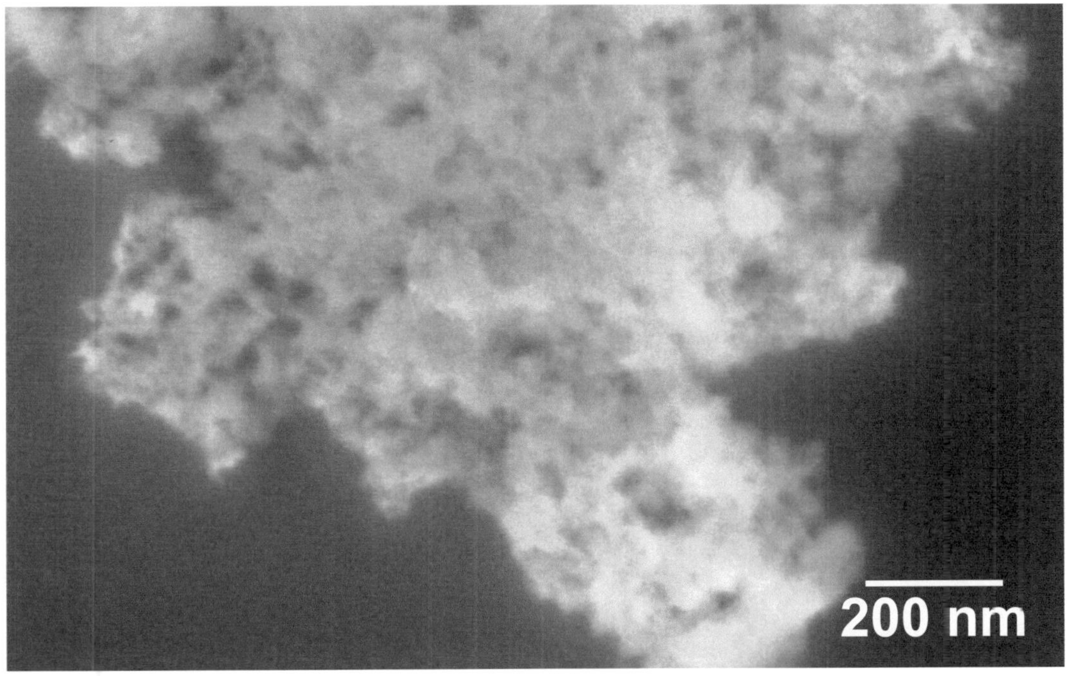

Abbildung 6.13: *REM-Abbildung der Calciumfluorid-Partikel. Aufgenommen bei 10 kV*

6.2.2 Gadoliniumfluorid

Die Gadoliniumfluorid-Partikel in dieser Arbeit werden in einer CTAB-Mikroemulsion (vgl. Kapitel **4.3**) bei 20 °C unter Zugabe von Kaliumfluorid zur polaren Phase der Mikroemulsion aus Di(pentamethylcyclopentadienyl)-gadolinium(III) als Precursor hergestellt. Auf rasterelektronenmikroskopischen Aufnahmen sind Partikel mit einem Durchmesser von 50 nm erkennbar (**Abbildung 6.15**). Die Partikel sind laut Pulverdiffraktrogramm direkt nach der Synthese amorph. Ein Sintern bei 400 °C für 24 h zeigt Gadoliniumfluorid (**Abbildung 6.14**). Die Partikel sind miteinander vernetzt und zeigen deutlich poröse Strukturen. Die DLS zeigt Agglomerate von über 500 nm. Es ist erkennbar, dass die Porengrößen im Größenbereich der Mikroemulsion liegen. Daher ist davon auszugehen, dass die Mikroemulsion hier als Agglomerate abgebildet wird. Die einzelnen Partikel mit möglichen Hohlräumen haben sich miteinander vernetzt und bilden größere Einheiten, sodass die Poren erhalten bleiben, aber keine einzelnen Hohlkugeln vorliegen.

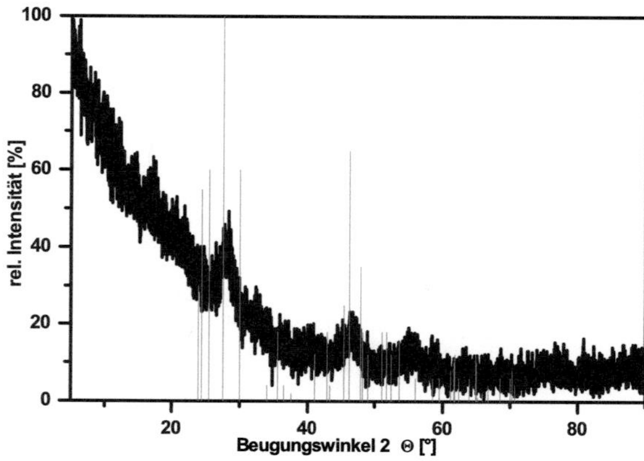

Abbildung 6.14: Pulverdiffraktogramm von Gadoliniumfluorid mit Referenz (rot)[208].

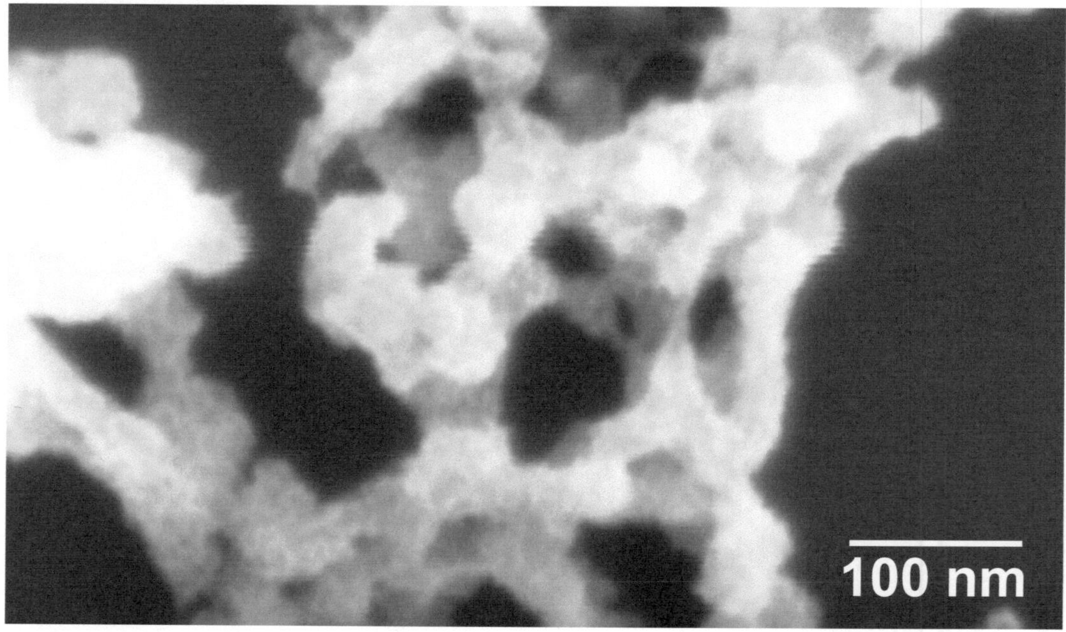

Abbildung 6.15: REM-Abbildung der Gadoliniumfluorid-Partikel. Aufgenommen bei 10 kV.

6.2.3 Magnesiumcarbonathydrat

Die Herstellung von Magnesiumfluorid über einen Calciumfluorid-analogen Syntheseweg gelang nicht. Stattdessen entstand Magnesiumcarbonathydrat in einer weiteren

Morphologie. Die Entstehung der blütenförmigen Morphologie (**Abbildung 6.18**) ist abhängig von der Anwesenheit von Fluoridionen. Beim Vergleich mit den Magnesiumcarbonat-Hohlkugeln aus Kapitel 5.3 sieht man, dass hier größere Strukturen entstanden sind, jedoch nicht Nadeln wie in Kapitel 5.3.2 bei zu hoher Temperatur. Die Partikel haben einen Durchmesser von 900 nm im Rasterelektronenmikroskop und laut DLS. Das Pulverdiffraktogramm und das Infrarotspektrum machen deutlich, dass es sich um Magnesiumcarbonathydrat handelt. Nach der Literatur von *Zhang* sind die Carbonatbanden bei: v_1(symmetrische C-O Streckungsmode)=1152 cm^{-1}, v_2(*out-of-plane* Deformations-Mode)=854 cm^{-1}, v_3(asymmetrische Streck-Mode)=1516+1424 cm^{-1}, v_4(OCO Biegung (*in-plane* Deformations-Mode))=653 cm^{-1}, sowie die antisymmetrische und symmetrische Streckschwingung von Wasser bei v(OH)=3559+3445 cm^{-1}.[172] Die Schwingungen unterhalb von 800 cm^{-1} im Fingerprint-Bereich sind auch in Vergleichsspektren zu sehen, werden dort jedoch nicht zugeordnet.[172] Bei der Herstellung von Magnesiumcarbonathydrat konnte gezeigt werden, dass die Anwesenheit von Fluoridionen, neben einer geringeren Konzentration an CO_2, die Morphologie der Partikel beeinflusst.[209] Ein solches Verhalten wurde auch in der Literatur für Calciumcarbonat von *W. A. Hailer* bereits beschrieben, dabei lässt sich bei zunehmender Fluoridkonzentration das Kristallwachstum entlang verschiedener Achsen unterschiedlich stark hemmen.[209]

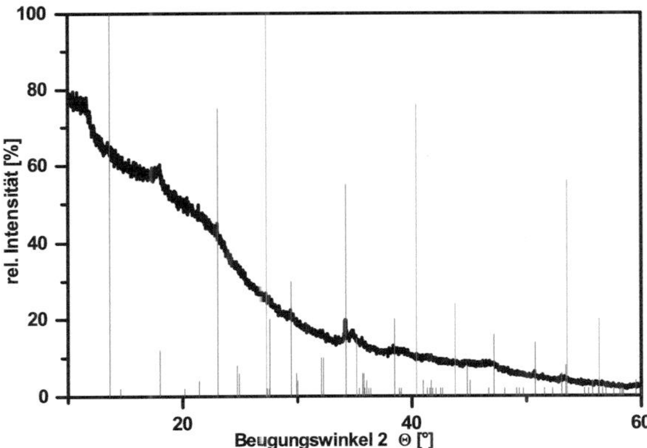

Abbildung 6.16: *Pulverdiffraktogramm der Magnesiumcarbonathydrat-Partikel mit Referenzen von Magnesiumfluorid (rot)[210] und Magnesiumcarbonathydrat (blau)[211].*

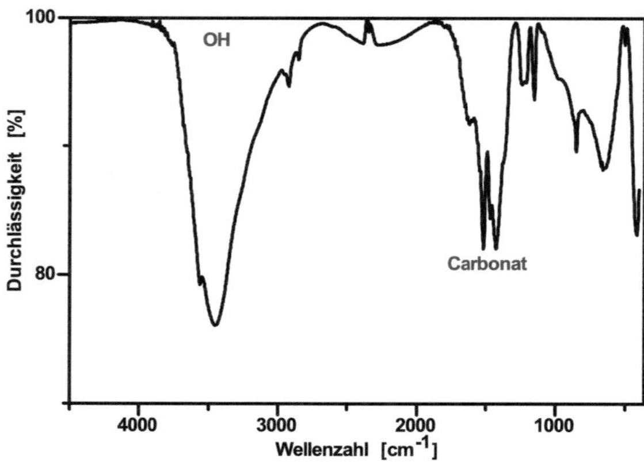

Abbildung 6.17: *IR-Spektrum der Magnesiumcarbonathydrat-Partikel.*

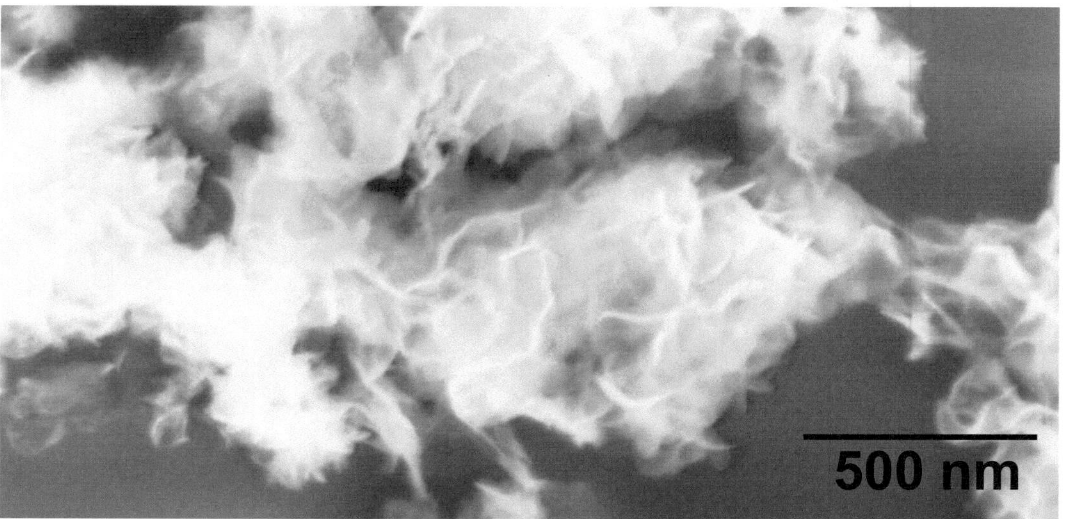

Abbildung 6.18: *REM-Abbildung der Magnesiumcarbonathydrat-Partikel. Aufgenommen bei 4 kV.*

6.2.4 Lanthanfluorid

Lanthanfluorid wurde aus Lanthan(III)-tricyclopentadienyl als Precursor hergestellt. Das Cyclopentadienyl-Anion weist die gleichen Eigenschaften bei der Komplexierung von Kationen auf wie das sonst verwendete Pentamethylcyclopentadienyl-Anion. Lanthan(III)-tricyclopentadienyl ist jedoch anders als die sonst verwendeten Precursoren polymer und schwerer löslich. So kann der Einfluss der Löslichkeit des Precursors bei sonst sehr ähnlichen Bedingungen untersucht werden. In dieser Arbeit wurden Lanthanfluorid-Partikel mit einem Durchmesser zwischen 500 und 2000 nm erhalten. Bei der DLS lassen sich drei unterschiedliche Partikelgrößen von 300 nm, 1,6 µm und 4,3 µm messen. Das Pulverdiffraktogramm (**Abbildung 6.19**) zeigt sehr kleine Kristallite bei starker Reflexverbreiterung. Die Kristallite sind laut Berechnung über die *Debye-Scherrer*-Gleichung 1 nm groß. Im REM (**Abbildung 6.20**) sind unterschiedliche Partikelformen und Größen von unter 100 nm bis zu mehreren Mikrometern zu erkennen. Um eine gleichmäßigere Größenverteilung oder sogar Hohlkugeln zu bekommen, müsste man einen besser löslichen, nicht polymeren Precursor verwenden.

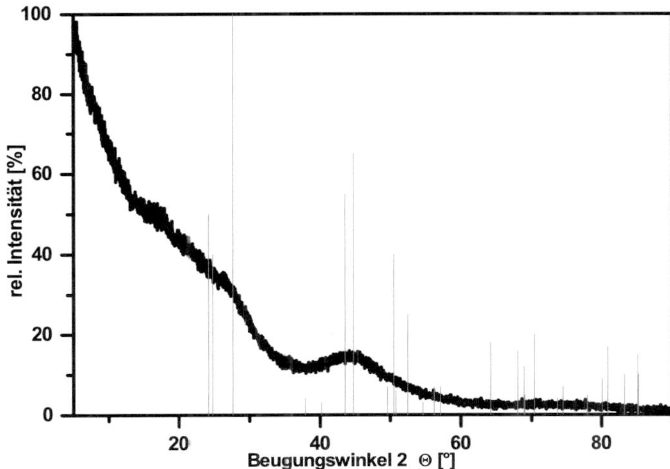

Abbildung 6.19: Pulverdiffraktogramm von Lanthanfluorid mit Referenz (rot)[212].

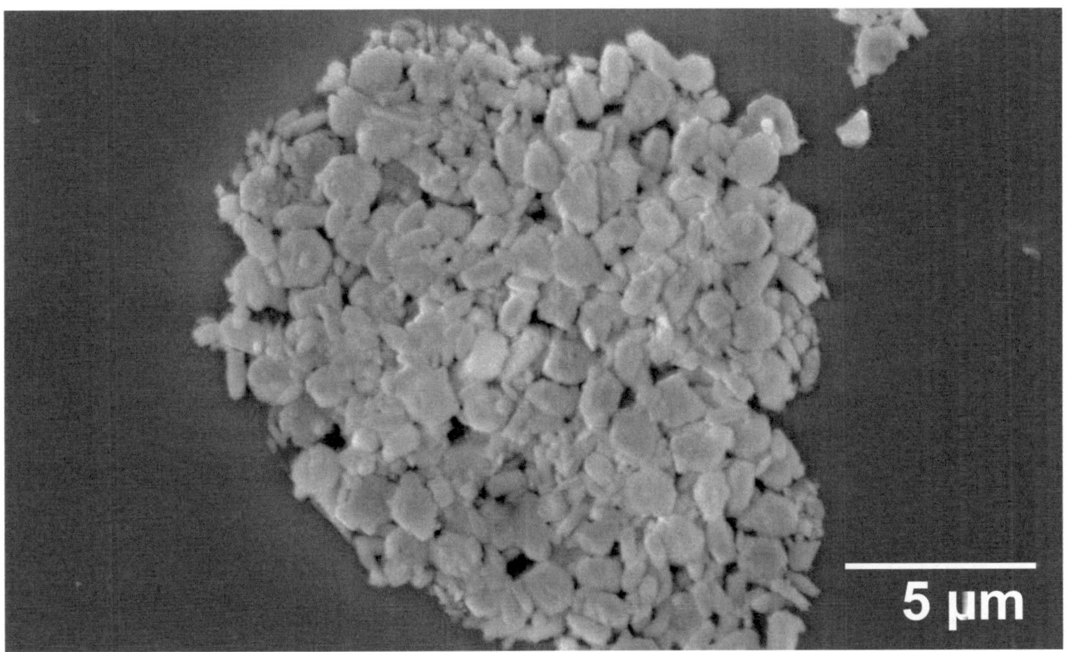

Abbildung 6.20: REM-Abbildung der Lanthanfluorid-Partikel. Aufgenommen bei 10 kV.

6.3 Phosphate

6.3.1 Bariumphosphat

Nanoskalige schwerlösliche Phosphate, beispielweise Bariumphosphat, werden untersucht zur Adsorption von Schwermetallen aus kontaminiertem Wasser.[213] In dieser Arbeit werden nanoskalige Kristalle über eine CTAB-Mikroemulsion aus Barium(II)-bis-(pentamethylcyclopentadienyl) hergestellt. Dabei entstehen nanoskalige Stäbchen (**Abbildung 6.23**) mit einer Länge von durchschnittlich 200 nm und einem Durchmesser von 20 nm. Im Pulverdiffraktogramm (**Abbildung 6.21**) lässt sich erkennen, dass dabei drei unterschiedliche Phosphate (Phosphat, Hydrogenphosphat und Dihydrogenphosphat) nebeneinander vorliegen. Die Ausschnittsvergrößerung (**Abbildung 6.22**) zeigt den Bereich der stärksten Reflexe. Gegenüber den Bleiphosphat-Partikeln (vgl. **Kapitel 6.3.2**) ist zu erkennen, dass die Bariumphosphat-Kristalle eine Vorzugswachstumsrichtung haben. Durch die hohe Gitterenergie von Bariumphosphat bilden sich keine Hohlkugeln.

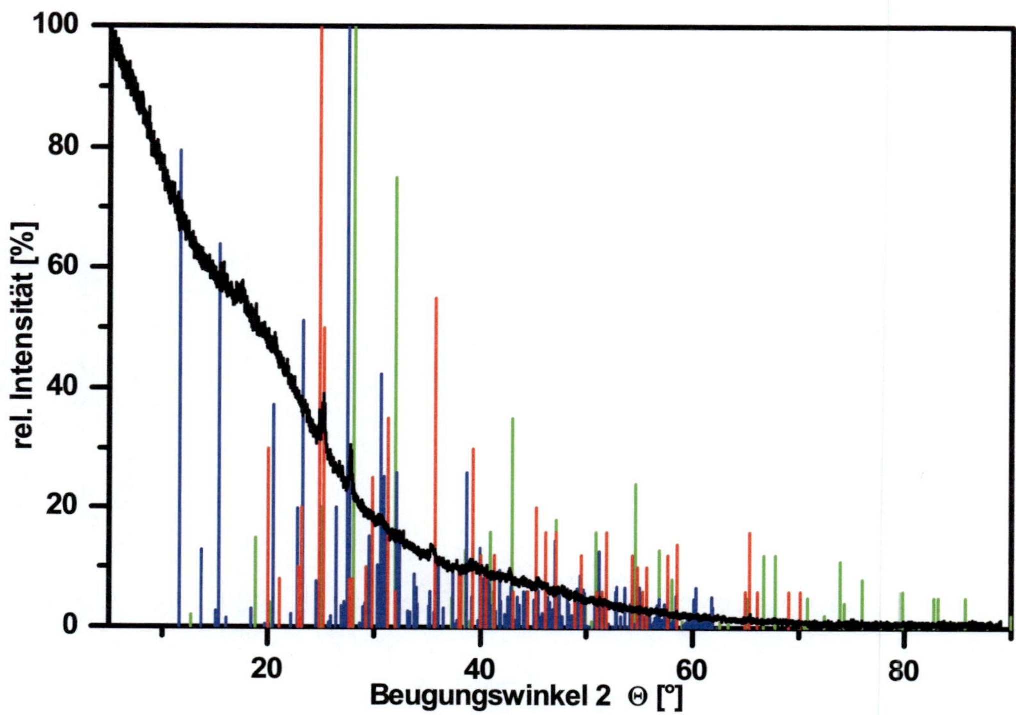

Abbildung 6.21: *Pulverdiffraktogramm von Bariumphosphat mit Referenz von Bariumphosphat (grün)[214], Bariumhydrogenphosphat (rot)[215] und Bariumdihydrogenphophat (blau)[216].*

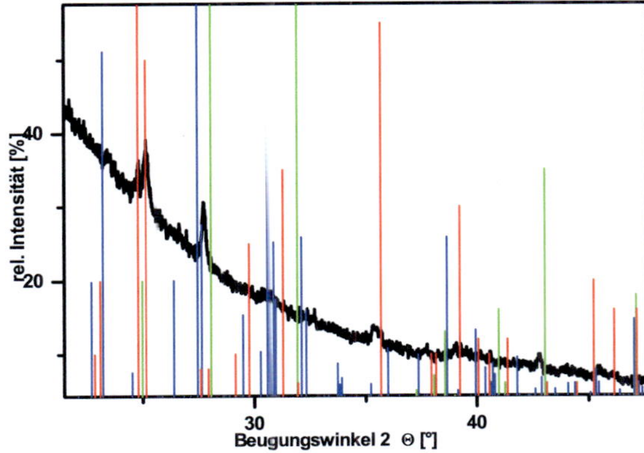

Abbildung 6.22: *Ausschnittsvergößerung des Pulverdiffraktogramms von Bariumphosphat mit Referenz von Bariumphosphat (grün)[214], Bariumhydrogenphosphat (rot)[215] und Bariumdihydrogenphophat (blau)[216].*

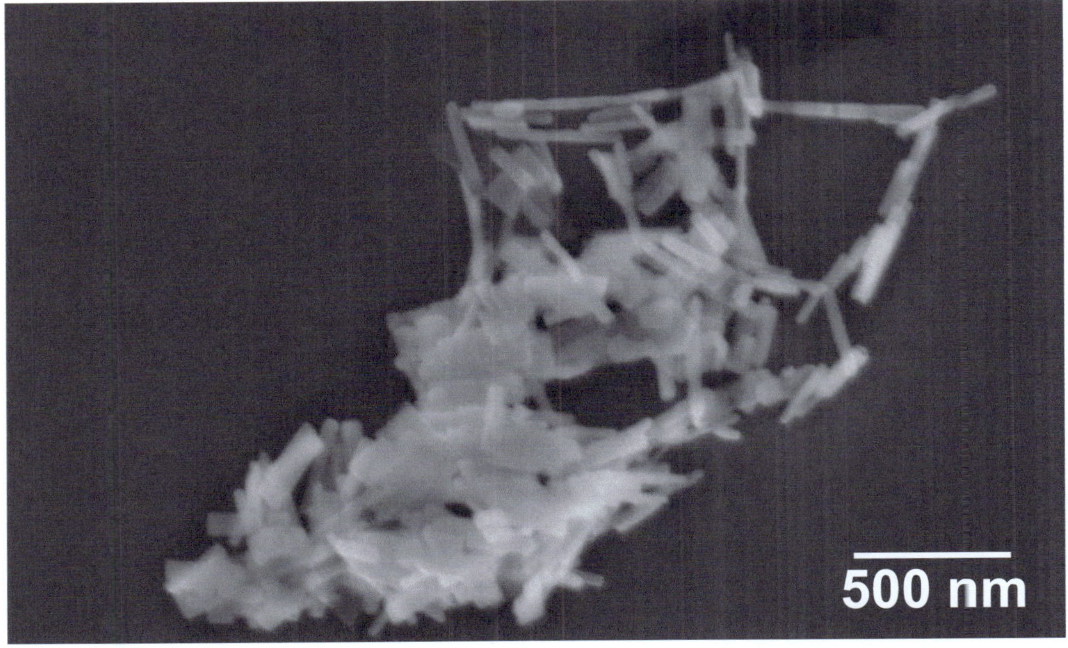

Abbildung 6.23: *REM-Abbildung der Bariumphosphat-Partikel. Aufgenommen bei 10 kV.*

6.3.2 Bleiphosphat

Die Bleiphosphat-Nanopartikel wurden aus Blei(II)-bis(pentamethylcyclopentadienyl) hergestellt. Das Pulverdiffraktogramm (**Abbildung 6.24**) zeigt Bleiphosphat, es sind nur die stärksten Reflexe sichtbar. Die DLS zeigt in Übereinstimmung mit den rasterelektronenmikroskopischen Aufnahmen (**Abbildung 6.25**) eine Partikelgröße von 140 nm. Verglichen mit den Bariumphosphat-Partikeln ist zu erkennen, dass die Bleiphosphat-Partikel keine Vorzugswachstumsrichtung haben und deutlich weniger kristallin sind. Das Blei(II)-bis(pentamethylcyclopentadienyl) ist nicht so gut löslich wie das

Bariumderivat, daher kam es zu einer langsameren Reaktion und es entstanden keine gleichförmigen Partikel oder Hohlkugeln.

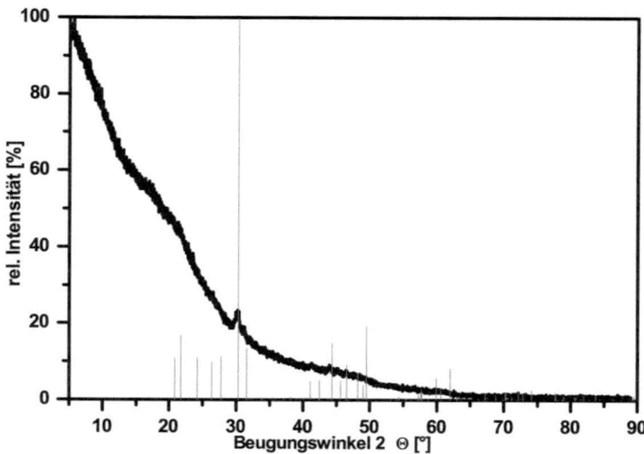

Abbildung 6.24: *Pulverdiffraktogramm von Bleiphosphat mit Referenz (rot)[217].*

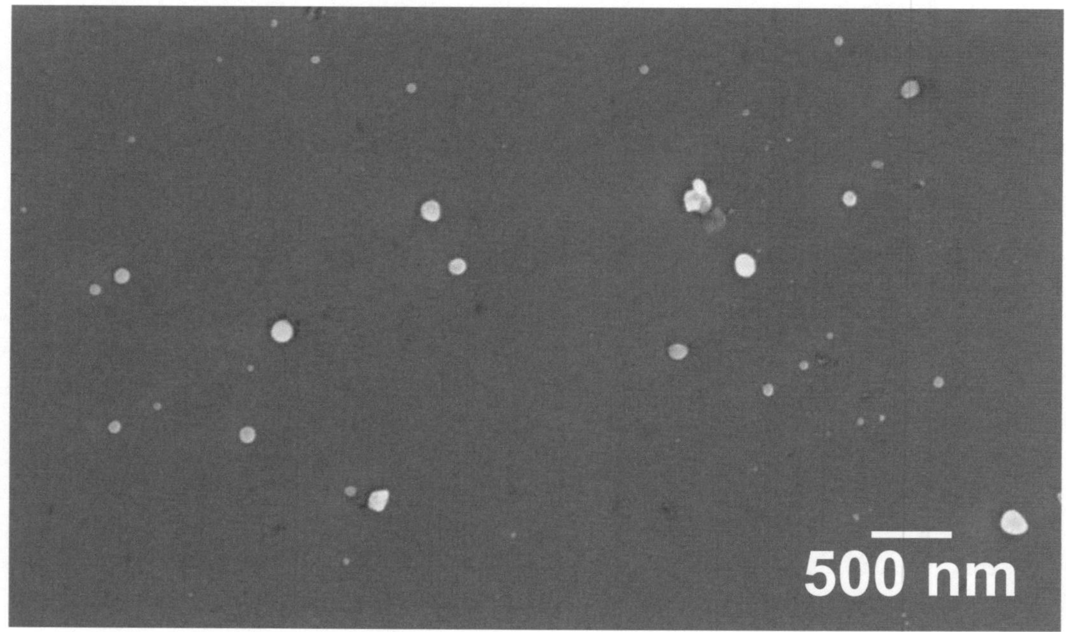

Abbildung 6.25: *REM-Abbildung der sphärischen Bleiphosphat-Partikel. Aufgenommen bei 4 kV.*

6.4   Sulfate

6.4.1 Bariumsulfat

Die Herstellung von Bariumsulfat-Nanopartikeln wurde in der Literatur bereits beschrieben.[218-219] Über die CTAB-Mikroemulsion in dieser Arbeit ist es möglich, nanopartikuläres Bariumsulfat aus Barium(II)-bis(pentamethylcyclopentadienyl) mit einer Partikelgröße von 10 nm herzustellen. Im Infrarotspektrum sind deutlich die Sulfatbanden sichtbar (**Abbildung 6.27**). Während die Partikel im REM (**Abbildung 6.28**) sphärisch aussehen, da sie von größeren Mengen Tensid umgeben sind, sind im STEM (**Abbildung 6.29**) Kristalle mit einer einheitlichen Kantenlänge von 10 nm erkennbar. Die Partikel erscheinen nach der Synthese amorph im XRD, erst nach Erhitzen auf 400 °C für 12 h ist eine hohe Kristallinität (**Abbildung 6.26**) erkennbar. Die große Anzahl von Reflexen verhindert, dass bei kleinen Kristallitgrößen Reflexe erkennbar sind, auch wenn die Partikel auf rasterelektronenmikroskopischen Aufnahmen würfelförmige Strukturen zeigen die auf eine Kristallinität hinweisen. In der Literatur werden gleichgroße Kristalle bei vergleichbarer Morphologie in einem Mikrofluidreaktor hergestellt.[218] Die große Menge an Tensid ist auch im IR-Spektrum zu sehen. Nach der Literatur von *Keiichi*[220] liegen die Schwingungen von CTAB bei: $v_s(CH_2)$(Streck)=2849 cm^{-1}, $v_{as}(CH_2)$(Streck)=2918, $v_s(CH)$(Deformation)=1487, $v_{as}(CH)$(Deformation)=3017, $v(CH_2)$(Deformation)=1473+1462 cm^{-1}.[221] Die an sich schwachen Sulfatbanden bei ca. 2800 cm^{-1} sind vergleichsweise schwach und nicht zu sehen. Durch den Einsatz des löslichen Precursors Barium(II)-bis(pentamethylcyclopentadienyl) ist es möglich, eine sehr einheitliche Partikelgröße herzustellen. Die hohe Gitterenergie von Bariumsulfat führt zu ausschließlich kristallinen Partikeln und verhindert die Entstehung von Hohlkugeln.

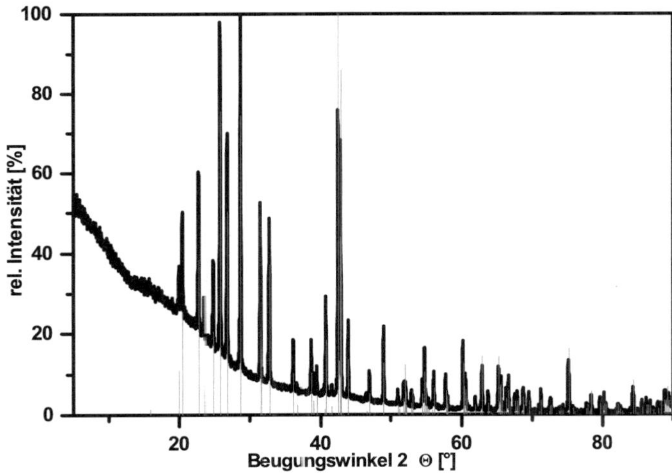

Abbildung 6.26: *Pulverdiffraktogramm von Bariumsulfat mit Referenz (rot)[222].*

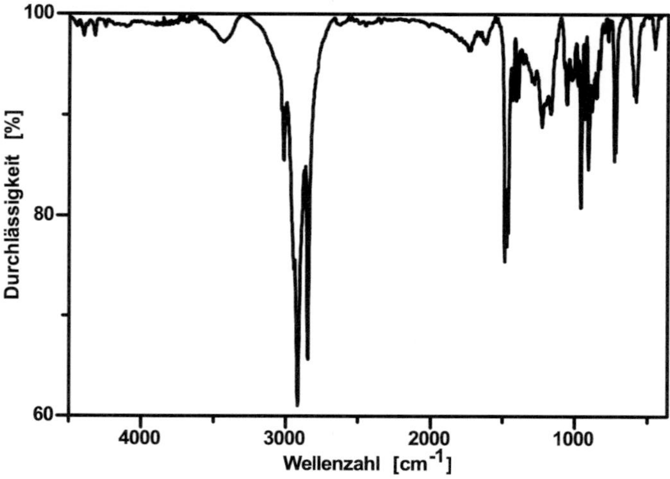

Abbildung 6.27: IR-Spektrum der Bariumsulfat-Partikel mit Tensid (CTAB).

Abbildung 6.28: REM-Abbildung der Bariumsulfat-Partikel. Aufgenommen bei 10 kV.

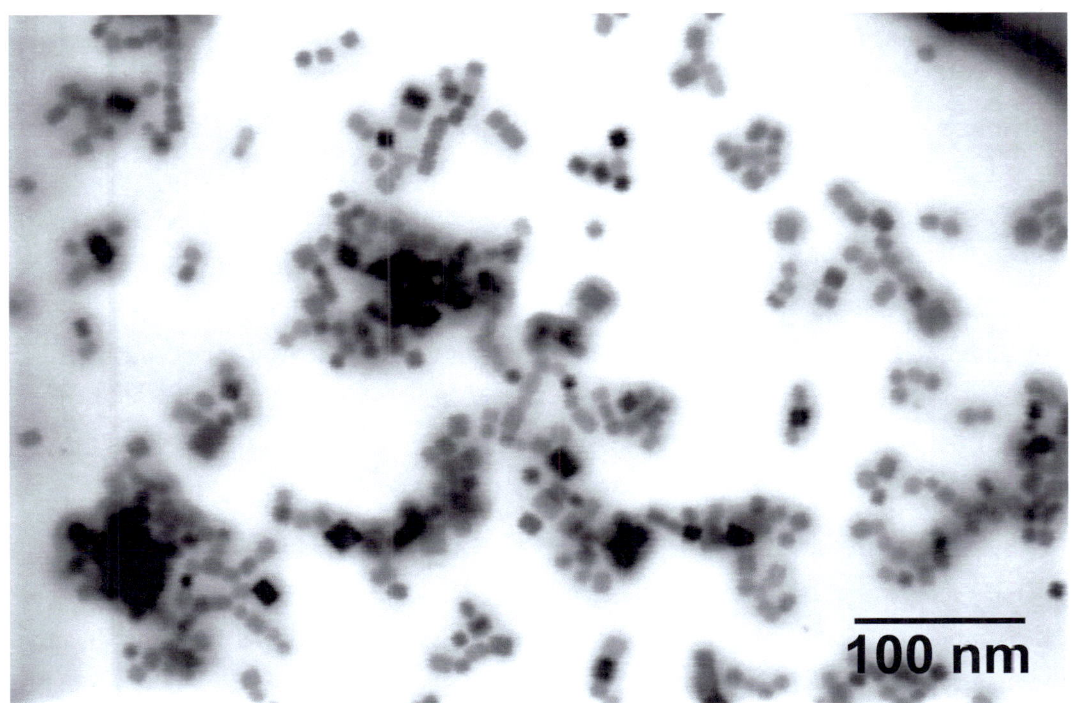

Abbildung 6.29: *STEM-Aufnahme der Bariumsulfat-Partikel. Aufgenommen bei 20 kV mit STEM Detektor.*

6.5   Kupferchromat

Die Kupferchromat-Partikel wurden hergestellt aus CTTPPC (Kupfer-tris(triphenylphospin)-chlorid) und Kaliumchromat in der auch bisher verwendeten CTAB-Mikroemulsion. Der Kupfer-Precursor CTTPPC wird eingesetzt, da aus dem Arbeitskreis um *C. Feldmann* bereits von der Herstellung nanoskaliger Kupfersulfid-Hohlkugeln mit diesem Precursor berichtet wurde.[63] Analog zur Verwendung von Cyclopentadienylderviaten sollen drei Triphenylphosphinliganden für eine ausreichende Löslichkeit des Kations in der unpolaren Phase der Mikroemulsion sorgen. Der Kupferkomplex mit Triphenylphosphin wird jedoch nicht von Wasser zersetzt. Dadurch steht das Kupferkation bei der Reaktion nicht frei zur Verfügung, sondern nur über eine teilweise Dissoziation der Triphenylphosphinliganden vom Kupfer-tris(triphenylphosphin)-Komplex. Die Suspension verändert ihr Aussehen über mehrere Stunden, sie färbt sich von Gelb über Orange nach Braun. Daraus lässt sich folgern, dass die Reaktion über mehrere Stunden andauert. Nach der Synthese lassen sich im Pulverdiffraktogramm drei verschiedene Verbindungen identifizieren (**Abbildung 6.30**). In der Literatur wird beschrieben, dass das Verhältnis von Kupfer zu Chrom stark unterschiedlich sein kann.[223] Die Verbindungen sind Kupferchromat mit orthorhombischer Kristallstruktur und Kupferdichromat mit kubisch und tetragonaler

Kristallstruktur ($CuCrO_4$ und $CuCr_2O_4$). Die DLS zeigt Agglomerate der Partikel zwischen 150 und 1000 nm. Im REM (**Abbildung 6.31**) sind sphärische Partikel von durchschnittlich 40 nm zu erkennen, die stark agglomerieren. Auf der STEM-Aufnahme (**Abbildung 6.33**) ist zu sehen, dass es sich um massive Partikel handelt. Das Syntheseergebnis zeigt, dass der Kupfer-tris(triphenylphosphin)-Komplex langsam abreagiert. Ein Kristallwachstum wird dennoch über eine sterische Abschirmung von Triphenylphosphin und eine Oberflächenbelegung der Partikel mit CTAB unterdrückt. Hohlkugeln bilden sich bei einem so langsamen Partikelwachstum allerdings nicht, an den Rändern der Mizellen entstehende Keime lösen sich nach einiger Zeit von der Mizellenwand oder werden durch Stöße zwischen den Mizellen ausgetauscht, der Keim wächst, der Hohlraum wächst zu.

Obwohl keine Hohlkugeln entstanden sind, kann bei gleichmäßiger Partikelgröße und kleinen Partikeln die Oberfläche groß sein, so dass die Partikel sich für eine katalytische Anwendung eignen könnten.[223] Kupferchromat-Nanopartikel eignen sich für thermische Reaktionen mit Katalysator und für die Photokatalyse, zum Beispiel für den Abbau von Perchloraten.[223]

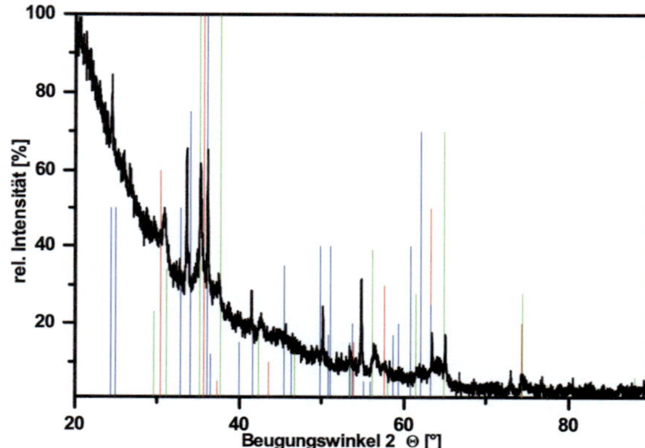

Abbildung 6.30: *Pulverdiffraktogramm von Kupferchromat mit drei Referenzen mit unterschiedlichen Kupfer zu Chrom Verhältnissen ($CuCr_2O_4$ (grün)[224], $CuCrO_4$ (blau)[225] und $CuCr_2O_4$ (rot)[226]).*

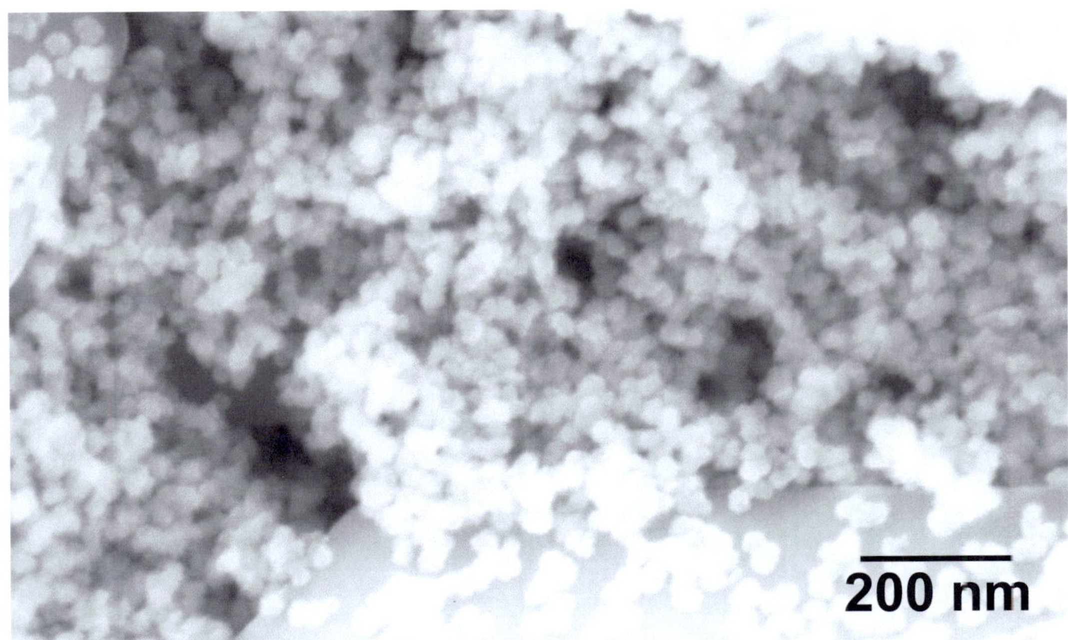

Abbildung 6.31: *REM-Abbildung der Kupferchromat-Kugeln. Aufgenommen bei 10 kV.*

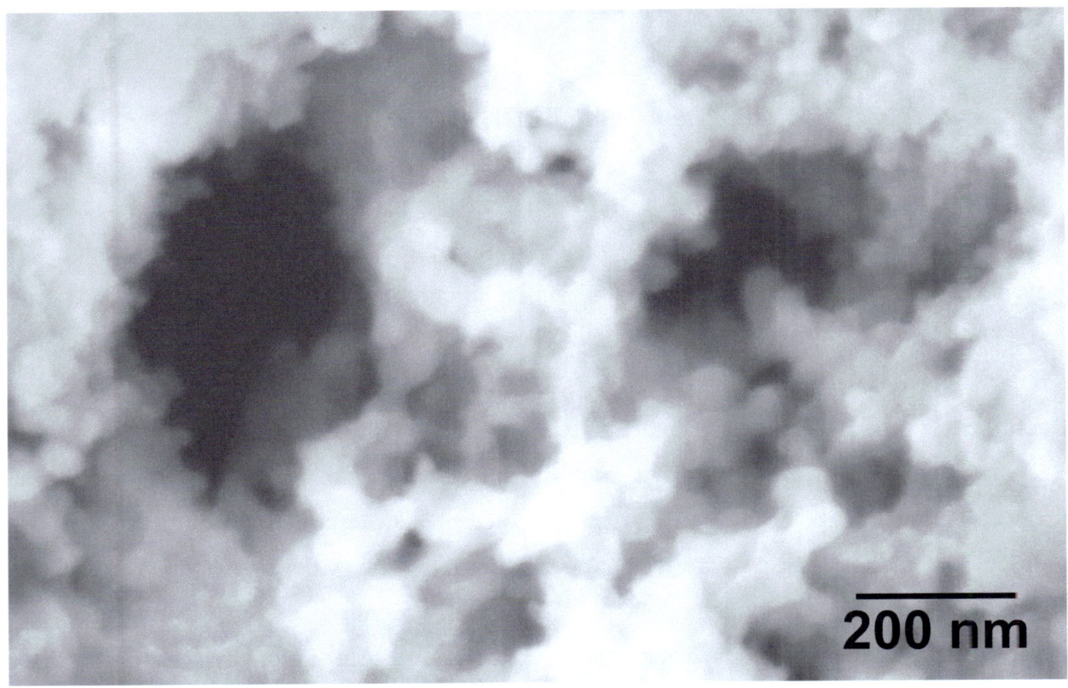

Abbildung 6.32: *REM-Abbildung der Kupferchromat-Kugeln. Aufgenommen bei 10 kV.*

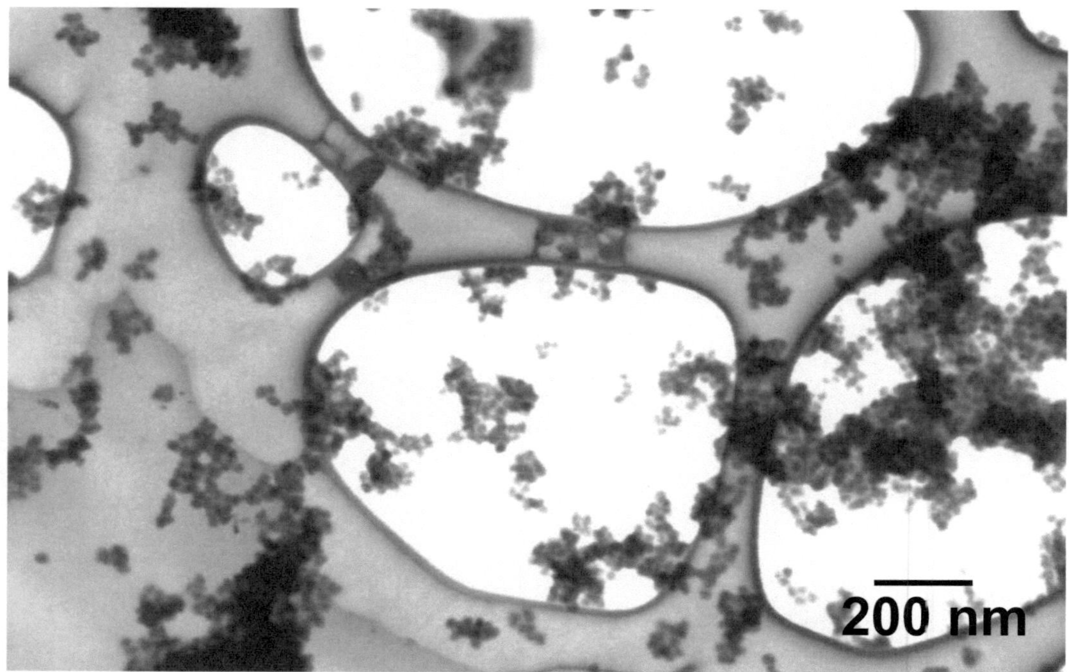

Abbildung 6.33: *STEM-Aufnahme der Kupferchromat-Partikel. Aufgenommen bei 10 kV.*

6.6   Vergleich der nanoskaligen Partikel

In einer Mikroemulsion mit festen Parametern für die Verhältnisse von Tensid, Lösungsmitteln, Cotensid und mit vergleichbaren Eduktmengen wurden die Syntheseparameter zur Herstellung von Hohlkugeln untersucht. Die Mikroemulsion besteht aus Dodekan als unpolare Phase, CTAB als Tensid, 1-Hexanol als Cotensid und Wasser als polare Phase. Die hergestellten Partikel zeigen eine Abhängigkeit von den verwendeten Edukten, zum Beispiel tritt bei der Verwendung von Calcium-2-ethylhexanoat ein Kristallwachstum ein, das zu mehreren Mikrometern großen Calciumcarbonat-Partikeln anstelle einer Partikelgröße von 70 nm bei Calcium-bis(pentamethylcyclopentadienyl) als Precursor führt. Das Pentamethylcyclopentadienyl-Anion scheint das Kristallwachstum sterisch über eine Oberflächenbelegung an der Phasengrenze der Mikroemulsion zu unterdrücken. Zusätzlich sorgt es für eine gute Löslichkeit des Precursors in der unpolaren Phase. Die Komplexe der Cyclopentadienyl-Anionen und ihrer Derivate werden bei Kontakt mit einer Mizelle durch Wasser zersetzt zum freien Kation und Cyclopentadienderivaten.[227] Dies sorgt für eine schnelle Verfügbarkeit der Kationen an der Phasengrenze der Mikroemulsion. Dennoch zeigt sich, dass trotz der Verwendung der Pentamethylcyclopentadienylderivate von Calcium, Barium und Blei keine Hohlkugeln mit CO_2 entstanden sind, obwohl die Synthese unter gleichen Synthesebedingungen wie beim Gadoliniumcarbonat durchgeführt wurden. Die Tendenz zur Bildung massiver Partikel und

Kristalle bei Substanzen mit hoher Gitterenergie ist deutlich. Von Gadoliniumcarbonat sind keine kristallinen wasserfreien Derivate bekannt. Bei einer Erhöhung des Wassergehaltes, schon durch nicht getrocknetes Dodekan, zeigen sich bereits Gadoliniumcarbonathydrat-Kristalle in Form von Nadeln (vgl. Kapitel **5.1.3**) anstelle von Hohlkugeln. Die zunehmend höhere Gitterenergie von Calciumcarbonat über Bleicarbonat zu Bariumcarbonat führt zuerst zu amorphen massiven Partikeln und schließlich zu Kristallen.

Bei den Fluoriden ist zu beobachten, dass die Verwendung von schlecht löslichem polymerem Lanthantricyclopentadienyl als Precursor zu uneinheitlichen mehrere Mikrometer großen Partikeln (**Abbildung 6.20**) führt, während bei Calcium und Gadolinium durch den Einsatz der Tetra- und Pentamethylcyclopentadienylderivate nanoskalige Partikel entstanden sind (**Abbildung 6.15**, **Abbildung 6.13**). Die gute Löslichkeit des Precursors ist demnach für einen gleichmäßigen und schnellen Reaktionsverlauf erforderlich. Der direkte Vergleich von Gadoliniumfluorid mit den Gadoliniumcarbonat-Hohlkugeln zeigt, dass nicht nur der Precursor für das Kation, sondern auch das Anion und die damit hergestellte Verbindung für die Entstehung von Hohlkugeln entscheidend sind. Bei Gadoliniumfluorid sind, als einzigem in diesem Kapitel vorgestellten Partikel, poröse Strukturen in den Partikeln erkennbar (**Abbildung 6.15**).

Von allen vorgestellten Kristallen in diesem Kapitel zeigt Bariumsulfat als einziges kein bevorzugtes Wachstum entlang einer Achse, während eine deutliche Vorzugsrichtung bei Bariumcarbonat (**Abbildung 6.2**), Bleicarbonat (**Abbildung 6.6**) und Bariumphosphat (**Abbildung 6.23**) zu beobachten ist. Bei Kupferchromat und Bleiphosphat entstehen sphärische Partikel, die nur im Falle der Kupferchromat-Partikel (40 nm) in der Größenordnung der Mizellen der Mikroemulsion (10 nm Durchmesser) liegen, während die Bleiphosphatpartikel mit 150 nm deutlich größer sind.

Insgesamt zeigt sich, dass ein gut löslicher, reaktiver Precursor zu kleineren Partikelgrößen (vgl. **6.2.2** Calciumcarbonat) führt. Produkte mit hoher Gitterenergie wie beispielsweise Bariumsulfat führen in der Regel zu Kristallen (**Abbildung 6.28**), während Produkte mit geringerer Gitterenergie wie Gadoliniumfluorid zu schwammartigen Strukturen (**Abbildung 6.15**) führen, jedoch nicht zu Hohlkugeln wie bei Gadoliniumcarbonat. Ein kleineres Kation mit tendenziell höherer Gitterenergie führt eher zu massiven Partikeln.

Für die Bildung von Hohlkugeln in der gewählten CTAB-Mikroemulsion ist für das Kation ein gut löslicher, hydrolyseempfindlicher Precursor notwendig, beispielsweise das verwendete Pentamethylcyclopentadienyl als Anion im Precursor. Um Störungen durch weitere Kationen zu vermeiden, ist die Verwendung von Anionen (CO_3^{2-}) aus Gasen (CO_2) vorteilhaft. Die Verwendung von Natriumhydrogencarbonat anstelle von CO_2 führt zu Gadoliniumcarbonathydrat-Nadeln (vgl. Kapitel **5.1.2**). Die hohe Gitterenergie des

Produkts steht der Entstehung von Hohlkugeln entgegen, dieser Hinderung kann durch Absenken der Reaktionsgeschwindigkeit entgegengewirkt werden (vgl. Kapitel **5.3.2**). Sinkt die Reaktionsgeschwindigkeit dabei zu stark ab und reduziert sich dabei die Löslichkeit des Precursors, kommt es dennoch zu Kristallwachstum und damit zur Ausbildung von Kristallen. Für eine optimale Reaktionsgeschwindigkeit ist eine genaue Temperaturkontrolle notwenig. Niedrige Gitterenergien der Produkte sind generell zur Herstellung von Hohlkugeln aus Mikroemulsionen von Vorteil.

Im Rahmen dieser Arbeit wurden einige Beispiele untersucht, die den Ansatz und das Verständnis zur Bildung von Hohlkugeln unterstützen. Aus den Experimenten in Kapitel 5 und Kapitel 6 sind die Tendenzen der relevanten Parameter für die Entstehung von Hohlkugeln in einem definierten Mikroemulsionssystem zu erkennen. Bisher wurden die Rahmenbedingungen der Mikroemulsion nicht verändert, auch kein weiteres Mikroemulsionssystem wurde untersucht. Um zu einem allgemein gültigen Model zu kommen, sind weitere Untersuchungen notwendig.

7 Zusammenfassung

Nanoskalige Carbonat-Hohlkugeln wurden über eine neue Syntheseroute aus einer W/O-Mikroemulsion durch Reaktion mit gasförmigem CO_2 synthetisiert. In dieser Arbeit wurden erstmals Gadoliniumcarbonat- und Magnesiumcarbonat-Hohlkugeln hergestellt. Über REM-, TEM- und STEM-Untersuchungen wurde für Gadoliniumcarbonat-Hohlkugeln ein Durchmesser von 22±4 nm mit Kavitäten von 7,5±1,5 nm bestimmt. Bei den Magnesiumcarbonat-Hohlkugeln beträgt der Durchmesser 35±9 nm mit Kavitäten von 17±5 nm. EDX- und SAED-Analysen belegen eine Zersetzung der Partikel im Elektronenstrahl. Dennoch zeigen die Auswertungen beider Methoden Zwischenprodukte der thermischen Zersetzung der Hohlkugeln. Unterstützend wurde die Substanzzusammensetzung über Pulverdiffraktometrie, Elementaranalyse, TG-IR und IR-Spektroskopie bestätigt. Die Gadoliniumcarbonat- und Magnesiumcarbonat-Hohlkugeln sind nach der Synthese amorph. Kristallines Gadoliniumoxid und kristallines Magnesiumoxid entstehen als Zersetzungsprodukte durch Erhitzung auf 1000 °C. Der Gewichtsverlust der Hohlkugeln beim Erhitzen kann über TG-Messungen bestimmt werden. Durch eine temperaturabhängige Messung der dabei entstandenen Gase über eine TG/IR-Kopplung konnten die Hohlkugeln eindeutig als reine Carbonate identifiziert werden. Über volumetrische Gasadsorption wurde die spezifische Oberflächengröße der Partikel bestimmt. Die milden Synthesebedingungen erlauben einen Einschluss von organischen Farbstoffen und medizinischen Wirkstoffen. Andere Synthesemethoden benötigen Flusssäure, starke Basen oder hohe Temperaturen, beispielweise bei template-basierten Synthesen, zum Entfernen der Templates.

Die Synthese der Gadoliniumcarbonat- und Magnesiumcarbonat-Hohlkugeln wurde so geführt, dass wasserlösliche Farbstoffe und das Cytostatikum Doxorubicin während der Bildung der Kugelschale in die Kavität eingeschlossen wurden. Anschließend wurde die Freisetzungsrate von Doxorubicin aus den Hohlkugeln bei verschiedenen Temperaturen und pH-Werten bestimmt. Dabei wurde festgestellt, dass die Freisetzung unter physiologischen Bedingungen bei mehreren Stunden liegt und durch ein Absenken des pH-Werts deutlich beschleunigt werden kann. Die Magnesiumcarbonat-Hohlkugeln setzen Doxorubicin deutlich langsamer frei als die Gadoliniumcarbonat-Hohlkugeln.

In Kooperationen mit *Prof. Dr. Ute Schepers* (Institut für Toxikologie und Genetik am KIT) wurde die Anwendung von nanoskaligen Hohlkugeln als Wirkstofftransporter in der Medizin untersucht. Mit ca. 30 nm Durchmesser sind die erstmals hergestellten Gadoliniumcarbonat-Hohlkugeln sehr gut für die Aufnahme in Zellen geeignet. Damit stellen sie eine anorganische Alternative zu Liposomen und Polymerpartikeln für den Wirkstoffeinschluss dar. Die in dieser Arbeit hergestellten nanoskaligen Gadoliniumcarbonat- und Magnesiumcarbonat-Hohlkugeln zeigen ihr Potential als Wirkstofftransporter in *in vitro* Zelltests durch den Einschluss von Doxorubicin. Die für die Nekrose von Krebszellen notwendige Menge an Doxorubicin konnte durch die Nanocontainer im Vergleich zu freiem Doxorubicin reduziert werden. Durch die Verwendung von Carbonaten kann von einer guten Verträglichkeit von den Anionen und, im Falle des Magnesiumcarbonats, auch vom Kation im Körper ausgegangen werden. Eine Toxizität der wirkstofffreien Hohlkugeln zeigte sich, außer bei den höchsten untersuchten Konzentrationen, nicht. Die Verwendung von Gadolinium allein und in Kombination mit Magnesium eröffnet, in Verbindung mit fluoreszierendem Doxorubicin, die Möglichkeit zur multimodalen Bildgebung. Messungen im magnetischen Wechselfeld in Kooperation mit *Prof. Dr. Ingrid Hilger* (Universitätsklinikum Jena) zeigen, dass durch Gadoliniumcarbonat-Hohlkugeln eine Gewebeerwärmung initiiert werden kann und sie für theragnostische Methoden eingesetzt werden können.

Weiterhin wurde Magnesiumoxid aus den Magnesiumcarbonat-Hohlkugeln hergestellt, das eine Oberfläche von 110 m²/g aufweist und sich für eine selektive Aufnahme von CO_2 eignen sollte. Zahlreiche weitere Nanopartikelsynthesen mit anderen Edukten zeigen den Einfluss der Synthesebedingungen und der Eduktauswahl auf die Morphologie der synthetisierten Partikel. Bei dem in dieser Arbeit beschriebenen Syntheseweg für Carbonat-Hohlkugeln führte nur die Verwendung von CO_2 als Edukt zu carbonatischen Hohlkugeln, ohne dass zusätzliche Templates, wie zum Beispiel Gelatine, verwendet wurden.

Aus den Experimenten zu unterschiedlichen nanoskaligen Partikeln und Hohlkugeln sind die Parameter für die Entstehung von Hohlkugeln zu erkennen. Um nanoskalige Hohlkugeln zu erhalten ist ein gut löslicher, hydrolyseempfindlicher Precursor notwendig, der für eine schnelle und gleichmäßige Reaktionsgeschwindigkeit sorgt. Störend wirken zusätzliche Ionen in der wässrigen Phase der Mikroemulsion, das Zuführen von Edukten als Gase ist daher förderlich. Eine hohe Gitterenergie des Produkts ist hinderlich und die Temperatur, und damit die Reaktionsgeschwindigkeit, müssen genau kontrolliert werden.

8 Ausblick

Aus dieser Arbeit heraus sind vier unterschiedliche Weiterentwicklungsrichtungen für Hohlkugeln möglich. Eine Aufgabe für Chemiker ist die Synthese weiterer nanoskaliger Hohlkugeln, medizinische Untersuchungen zur Anwendbarkeit der hergestellten Partikel, die pharmazeutische Weiterentwicklung mit zusätzlichen Wirkstoffeinschlüssen und Oberflächenbeschichtungen sowie die materialwissenschaftliche Untersuchung für weitere Anwendungsfelder sind möglich.

Gadoliniumcarbonat-Hohlkugeln als Container für Wirkstoffe ermöglichen es, mittels MRT und MWF die systemische Verteilung der Wirkstofffreisetzung zu beobachten und zu beeinflussen. Toxikologisch unbedenkliche, chemisch und morphologisch ähnliche Magnesiumcarbonat-Hohlkugeln sind in der Anwendung möglicherweise deutlich höher dosierbar. Dadurch ist im nachfolgenden Schritt mit Magnesiumcarbonat-Hohlkugeln eine individuelle Chemotherapie mit am Tumor diagnostizierbarer Wirkstoffkonzentration und damit einer weiteren Nebenwirkungsminimierung denkbar. Nachdem bei *in vitro* Zelltests die Gadoliniumcarbonat-Hohlkugeln mit Wirkstoffeinschluss untersucht und ihre positive Wirkung bestätigt wurde, könnten Versuche in Mäusen folgen. Langfristig ist der Einsatz bei Krebsdiagnose und bei personalisierter Behandlung vorstellbar.

Die Carbonat-Hohlkugeln eignen sich darüber hinaus auch für den Einschluss anderer wasserlöslicher Substanzen. In dieser Arbeit wurde beispielhaft Doxorubicin verwendet, interessant ist neben Medikamenten für die Krebstherapie auch der Einschluss weiterer Medikamente, beispielweise zur Schmerztherapie. Eine weitere Möglichkeit neben dem Einschluss wäre eine Oberflächenmodifikation der Partikel, beispielsweise könnte die Zielspezifität der Carbonat-Hohlkugeln mit Antikörpern erhöht werden.

Neben dem pharmazeutischen Anwendungsfeld zeigen nanoskalige Hohlkugeln ein hohes Potential zur Gasspeicherung, Sensorik und Katalyse, da sie eine sehr große Oberfläche und eine Kavität haben. Neben reinen Gassorptionsanwendungen könnten die Partikel als Trägermaterial für Katalysatoren dienen. Dazu müssten Partikel mit höherer thermischer Stabilität und hoher mechanischer Stabilität synthetisiert werden.

Chemisch wird es interessant sein, den Einsatz von Gasen in Mikroemulsionssystemen zur Herstellung von Hohlkugeln weiter zu untersuchen, um beispielsweise Sulfide herzustellen; auch eine Ausweitung auf ternäre oder quaternäre Systeme ist denkbar. Ein System zur Herstellung von nanoskaligem Kupferchromat wurde bereits gezeigt, eine Weiterentwicklung zu Hohlkugeln wäre hier vorstellbar. Von Interesse sind auch weitere

Anionen wie Cyanoferrate, Vanadate oder Rhenate als anorganische Farbstoffe, möglicherweise in Druckfarben oder Solarzellen.

Die Mikroemulsionsmethode mit kleinen Wassertröpfchen in einer Ölphase bietet zahlreiche weitere Möglichkeiten zur Synthese von Nanopartikeln und Hohlkugeln, da die Emulsion über einen weiten Bereich stabil ist. Die Herausforderung liegt nicht mehr in der Herstellung nanoskaliger Kugeln, sondern in der Erzeugung von Kugeln mit einem Hohlraum, da mit dieser Arbeit die grundlegenden Parameter der Hohlkugelsynthese bekannt sind. Weitere Untersuchungen könnten aufbauend auf den erkannten Tendenzen zu einem Model zur Entstehung von Hohlkugeln in Mikroemulsionen führen.

A   Anhang

A.1   Verwendete Chemikalien

Tabelle 5: *Liste der verwendeten Chemikalien.*

Substanzname	Summenformel	Reinheit	Lieferant
Azocarmin G	$C_{28}H_{18}N_3NaO_6S_2$		Aldrich
Brilliant Yellow	$C_{26}H_{18}N_4Na_2O_8S_2$		Aldrich
Bariumiodid	BaI_2	99,99%	Aldrich
Barium(II)-bis(pentamethylcyclopentadienyl)	$BaC_{20}H_{30}$		eigene Herstellung
Blei(II)-bis(pentamethylcyclopentadienyl)	$PbC_{20}H_{30}$		eigene Herstellung
Calcium(II)-bis(pentamethylcyclopentadienyl)	$CaC_{20}H_{30}$		eigene Herstellung
Blei(II)-chlorid	$PbCl_2$	98%	Aldrich
Cetyltrimethylammoniumbromid	$C_{19}H_{41}NBr$	98 %	abcr
Dextran 40	$C_6H_{10}O_5$	reinst	Roth
Dinatriumhydrogenphosphat-decahydrat	Na_2HPO_4	zur Analyse	Merk
DMEM (Dulbeccos Modified Eagles's Nährmedium)			Invitrogen, Karlsruhe
Doxorubicin Hydrochlorid	$C_{27}H_{29}NO_{11}$	98%	Sigma
Ethanol	C_2H_6O	99 %	Seulberger
Gelatine von Schweinehaut Typ A			Sigma
1-Hexanol	$C_6H_{13}OH$	> 98 %	Merk
Kaliumdichromat	$K_2Cr_2O_7$	99%	Merk
Kaliumfluorid	KF	99%	Aldrich
Pentamethylcyclopentadien	$C_{10}H_{16}$	95%	Aldrich
Kalium-pentamethylcyclopentadienyl	$KC_{10}H_{15}$		eigene Herstellung
Calcium-2-ethylhexanoat	$CaC_{16}H_{32}O_4$	98% TMB	Aldrich
Calciumchlorid	KCl	99%	Sigma
Kohlensäure	CO_2		Air Licuide

Magnesium-di-*n*-butyl Lösung in Heptan	MgC_8H_{18}		Aldrich
MTT-Lösung	$C_{18}H_{16}BrN_5S$		Promega
Natrium	Na	> 99 %	Riedel de-Haen
Natriumhydroxid	$NaOH$	>99%	VWR
Nuclear Fast Red (NFR)	$C_{14}H_8NNaO$		Aldrich
n-Dodekan	$C_{12}H_{26}$	> 99 %	Sigma-Aldrich
Schwefelsäure, 36%	H_2SO_4	95%	Sigma
Trinatriumcitrat Dihydrat	$C_6H_9Na_3O_9$	99%	Acros
Lanthan(III)-tris(cyclopentadienyl)	$LaC_{15}H_{15}$	99,9% TMB	Sigma
Gadolinium(III)-tris(tetramethylcyclopentadienyl)	$GdC_{27}H_{39}$	99,9 % TMB	Aldrich
Kupfer-tris(triphenylphosphin)-chlorid	$CuC_{54}H_{45}Cl$		eigene Herstellung
Zitronensäure	$C_6H_8O_7$	99,8%	VWR

A.2 Literaturverzeichnis

[1]   *SciFinder Suche: Nanotechnology*, American Chemical Society, **2016**.

[2]   K. Herdzina, S. Seiter, *Einführung in die Mikroökonomik*, 11. Aufl., Vahlen, München, **2009**.

[3]   M. E. Vance, T. Kuiken, E. P. Vejerano, S. P. Mcginnis, M. F. Hochella, Jr., D. Rejeski, M. S. Hull, *Beilstein J. Nanotechnol.* **2015**, *6*, 1769-1780.

[4]   *nano.DE-Report 2013*, Bundesministerium für Bildung und Forschung, Bonn, **2014**.

[5]   M. Crichton, *Beute*, Karl Blessing Verlag, München, **2004**.

[6]   D. Silver, A. Huang, C. J. Maddison, A. Guez, L. Sifre, G. Van Den Driessche, J. Schrittwieser, I. Antonoglou, V. Panneershelvam, M. Lanctot, S. Dieleman, D. Grewe, J. Nham, N. Kalchbrenner, I. Sutskever, T. Lillicrap, M. Leach, K. Kavukcuoglu, T. Graepel, D. Hassabis, *Nature* **2016**, *529*, 484-489.

[7]   M. Liu, M. B. Johnston, H. J. Snaith, *Nature* **2013**, *501*, 395-398.

[8]   K. Kunsch, S. Kunsch, *Der Mensch in Zahlen: eine Datensammlung in Tabellen mit über 20000 Einzelwerten*, 2. Aufl., Spektrum, Akad. Verl., Heidelberg, **2000**.

[9]   J. I. Goldstein, *Scanning electron microscopy and x-ray microanalysis*, 3. Aufl., Kluwer Academic/Plenum Publishers, New York, **2003**.

[10] B. Borries, E. Ruska, in *Wissenschaftliche Veröffentlichungen aus den Siemens-Werken: XVII. Band. Erstes Heft*, Springer, Berlin,, **1938**, 99-106.

[11] R. P. Feynman, *Engineering and science* **1960**, *23*, 22-36.

[12] K. E. Drexler, Massachusetts Institute of Technology (Massachusetts), **1991**.

[13] C. Bai, M. Liu, *Angew. Chem.* **2013**, *125*, 2742-2747.

[14] D. Heubach, G. Angerer, C. Kühne, *Innovation durch Nanotechnologie in der Umwelttechnik – Funktionelle Oberflächen und Farbstoffsolarzellen*, Umweltministerium Baden-Württemberg, Stuttgart, **2008**.

[15] *Umweltdaten der deutschen Zementindustrie*, Verein Deutscher Zementwerke e.V., Düsseldorf, **2014**.

[16] Nabaltec AG, http://www.nabaltec.de, **2016**, besucht am: 23.02.2016.

[17] H. Gröger, F. Gyger, P. Leidinger, C. Zurmühl, C. Feldmann, *Adv. Mater.* **2009**, *21*, 1586-1590.

[18] H. Goesmann, C. Feldmann, *Angew. Chem.* **2010**, *122*, 1402-1437 und *Angew. Chem., Int. Ed.* **2010**, *49*, 1362-1395.

[19] C. M. Heiz, ETH Zürich (Zürich), **1999**.

[20] A. Derycke, *Adv. Drug Delivery Rev.* **2004**, *56*, 17-30.

[21] A. Lamprecht, *Nanotherapeutics: Drug Delivery Concepts in Nanoscience*, Pan Stanford, **2009**.

[22]   J. Park, J. Park, E. J. Ju, S. S. Park, J. Choi, J. H. Lee, K. J. Lee, S. H. Shin, E. J. Ko, I. Park, C. Kim, J. J. Hwang, J. S. Lee, S. Y. Song, S.-Y. Jeong, E. K. Choi, *J. Controlled Release* **2015**, *207*, 77-85.

[23]   A. Riedinger, P. Guardia, A. Curcio, M. A. Garcia, R. Cingolani, L. Manna, T. Pellegrino, *Nano Lett.* **2013**, *13*, 2399-2406.

[24]   H. Rehage, *Chem. Unserer Zeit* **2005**, *39*, 36-44.

[25]   Beiersdorf AG, *Eucerin pH5 Hautschutz Waschlotion*, http://www.eucerin.de/produkte/empfindliche-haut/ph5-waschlotion, **2015**, besucht am: 10.11.15.

[26]   J. Stauff, *Angew. Chem.* **1956**, *68*, 504-504.

[27]   J. H. Schulman, W. Stoeckenius, L. M. Prince, *J. Phys. Chem.* **1959**, *63*, 1677-1680.

[28]   C. Stubenrauch, *Microemulsions: Background, New Concepts, Applications, Perspectives* Wiley-Blackwell, Oxford, **2009**.

[29]   T. Sottmann, C. Stubenrauch, in *Microemulsions*, John Wiley & Sons, Ltd, **2009**, 1-47.

[30]   H.-D. Dörfler, *Grenzflächen und kolloid-disperse Systeme: Physik und Chemie*, Springer, Berlin, **2002**.

[31]   R. Schomäcker, M. Schwarze, H. Nowothnick, A. Rost, T. Hamerla, *Chem. Ing. Tech.* **2011**, *83*, 1343-1355.

[32]   S. P. Moulik, B. K. Paul, *Adv. Colloid Interface Sci.* **1998**, *78*, 99-195.

[33]   A. K. Rakshit, S. P. Moulik, in *Microemulsions: properties and applications* (Ed.: M. Fanun), CRC Press, Boca Raton, **2009**, 17-58.

[34]   B. K. Paul, S. P. Moulik, *J. Dispersion Sci. Technol.* **1997**, *18*, 301-367.

[35]   D. Langevin, *Annu. Rev. Phys. Chem.* **1992**, *43*, 341-369.

[36]   W. Liang, M. Liu, G. Guo, in *Handbook of nanophase and nanostructured materials: Synthesis, Vol. 1* (Eds.: Z. L. Wang, Y. Liu, Z. Zhang), Kluwer Academic/Plenum, New York, **2003**, 1-25.

[37]   M. P. Pileni, *J. Phys. Chem.* **1993**, *97*, 6961-6973.

[38]   R. G. Laughlin, *The aqueous phase behavior of surfactants*, Academic Press, London, **1994**.

[39]   M. L. Lynch, K. A. Kochvar, J. L. Burns, R. G. Laughlin, *Langmuir* **2000**, *16*, 3537-3542.

[40]   Q. Zhang, J. Kano, F. Saito, in *Handbook of Powder Technology, Vol. Volume 12* (Eds.: M. G. Agba D. Salman, J. H. Michael), Elsevier Science B.V., **2007**, 509-528.

[41]   B. Schiller, Beton-Verl. (Düsseldorf), **1992**.

[42]   T. Boden, B. Andres, *National CO$_2$ Emissions from Fossil-Fuel Burning, Cement Manufacture, and Gas Flaring: 1751-2011* Oak Ridge National Laboratory, Oak Ridge, **2015**.

[43]   H. Goesmann, C. Feldmann, *Angew. Chem., Int. Ed.* **2010**, *49*, 1362-1395.

[44]   D. H. M. Buchold, C. Feldmann, *Nano Lett.* **2007**, *7*, 3489-3492.

[45]   A. Gutsch, H. Mühlenweg, M. Krämer, *Small* **2005**, *1*, 30-46.

[46]   C. De Mello Donegá, P. Liljeroth, D. Vanmaekelbergh, *Small* **2005**, *1*, 1152-1162.

[47]   G. Cao, Q. Zhang, C. J. Brinker, *Annual review of nano research*, World Scientific, Singapore, **2010**.

[48]   S. Horikoshi, *Microwaves in nanoparticle synthesis : fundamentals and applications* Wiley-VCH, Berlin, **2013**.

[49]   A.-H. Lu, D. Zhao, P. O'brien, H. Craighead, H. Kroto, *Nanocasting*, Royal Society of Chemistry, Cambridge, **2009**.

[50]   B. L. Cushing, V. L. Kolesnichenko, C. J. O'connor, *Chem. Rev.* **2004**, *104*, 3893-3946.

[51]   V. K. Lamer, R. H. Dinegar, *J. Am. Chem. Soc.* **1950**, *72*, 4847-4854.

[52]   W. Ostwald, *Z. Phys. Chem.* **1900**, *34*, 495-503.

[53]   X. W. D. Lou, L. A. Archer, Z. Yang, *Adv. Mater.* **2008**, *20*, 3987-4019.

[54]   K. Holmberg, *J. Colloid Interface Sci.* **2004**, *274*, 355-364.

[55]   M. A. López-Quintela, J. Rivas, M. C. Blanco, C. Tojo, in *Nanoscale Materials* (Eds. L. Liz-Marzán, P. Kamat), Springer US, **2004**, 135-155.

[56]   M. A. López-Quintela, *Curr. Opin. Colloid Interface Sci.* **2003**, *8*, 137-144.

[57]   M. M. Husein, N. N. Nassar, *Curr. Nanosci.* **2008**, *4*, 370-380.

[58]   M. P. Pileni, *Nat. Mater.* **2003**, *2*, 145-150.

[59]   J. Eastoe, M. J. Hollamby, L. Hudson, *Adv. Colloid Interface Sci.* **2006**, *128*, 5-15.

[60]   C. Kind, R. Popescu, E. Muller, D. Gerthsen, C. Feldmann, *Nanoscale* **2010**, *2*, 2223-2229.

[61]   P. Leidinger, R. Popescu, D. Gerthsen, C. Feldmann, *Chem. Mater.* **2013**, *25*, 4173-4180.

[62]   D. H. M. Buchold, C. Feldmann, *Nano Letter* **2007**, *7*, 3489-3492.

[63]   P. Leidinger, R. Popescu, D. Gerthsen, H. Lunsdorf, C. Feldmann, *Nanoscale* **2011**, *3*, 2544-2551.

[64]   C. Zimmermann, C. Feldmann, M. Wanner, D. Gerthsen, *Small* **2007**, *3*, 1347-1349.

[65]   H. Gröger, C. Kind, P. Leidinger, M. Roming, C. Feldmann, *Materials* **2010**, *3*, 4355-4386.

[66]   P. Leidinger, R. Popescu, D. Gerthsen, C. Feldmann, *Small* **2010**, *6*, 1886-1891.

[67]   F. Gyger, M. Hübner, C. Feldmann, N. Barsan, U. Weimar, *Chem. Mater.* **2010**, *22*, 4821-4827.

[68]   P. Leidinger, N. Dingenouts, R. Popescu, D. Gerthsen, C. Feldmann, *J. Mater. Chem.* **2012**, *22*, 14551- 14558.

[69]   C. Zurmühl, R. Popescu, D. Gerthsen, C. Feldmann, *Solid State Sci.* **2011**, *13*, 1505-1509.

[70]   H. T. Schmidt, M. Kroczynski, J. Maddox, Y. Chen, R. Josephs, A. E. Ostafin, *J Microencapsul* **2006**, *23*, 769-781.

[71]   H. T. Schmidt, A. E. Ostafin, *Adv. Mater.* **2002**, *14*, 532-535.

[72]   W. Xia, K. Grandfield, A. Schwenke, H. Engqvist, *Nanotechnology* **2011**, *22*, 305610.

[73]   J. Jung-König, R. Popescu, U. S. C. Seidl, D. Gerthsen, C. Feldmann, *in preparation* **2015**.

[74]   S. L. Flegler, J. W. Heckman, K. L. Klomparens, *Elektronenmikroskopie : Grundlagen, Methoden, Anwendungen*, Spektrum, Heidelberg [u.a.], **1995**.

[75]   J. Ackermann, *Handbuch für die Rasterelektronenmikroskopie SUPRA(VP) und ULTRA*, Zeiss, Oberkochen, **2004**.

[76]   *GeminiSEM-Produktfamilie*, http://www.zeiss.de/microscopy/de_de/produkte/rasterelektronenmikroskope/geminisem.html#highlights, **2015**, besucht am: 22.02.2016.

[77]   L. Reimer, G. Pfefferkorn, *Rasterelektronenmikroskopie*, Springer, Berlin, **1977**.

[78]   FEI Company *0.5 Angstrom Imaging Milestone Reveals the Smallest Details Ever Seen by Electron Microscopy*, http://investor.fei.com/releasedetail.cfm?ReleaseID=262968, **2007**, besucht am: 21.09.2015.

[79]   B. Gamm, H. Blank, R. Popescu, R. Schneider, A. Beyer, A. Gölzhäuser, D. Gerthsen, *Microsc. Microanal.* **2012**, *18*, 212-217.

[80]   W. Massa, *Kristallstrukturbestimmung*, 7. Aufl., Vieweg + Teubner, Wiesbaden, **2011**.

[81]   C. E. Strouse, *Rev. Sci. Instrum.* **1978**, *49*, 1750-1751.

[82]   W. Kleber, H.-J. Bautsch, J. Bohm, *Einführung in die Kristallographie*, 19. Aufl., Oldenbourg, München, **2010**.

[83]   V. K. Pecharsky, P. Y. Zavalij, *Fundamentals of powder diffraction and structural characterization of materials*, Springer US, Boston, **2005**.

[84]   G. Amthauer, M. K. Pavicevic, *Physikalisch-chemische Untersuchungsmethoden in den Geowissenschaften : Beugungsmethoden, Spektroskopie, physiko-chemische Untersuchungsmethoden*, Schweizerbart, Stuttgart, **2001**.

[85]   R. Allmann, A. Kern, *Röntgenpulverdiffraktometrie: rechnergestützte Auswertung, Phasenanalyse und Strukturbestimmung*, 2. Aufl., Springer, Berlin, **2003**.

[86]   P. Scherrer, *Nachr. Ges. Wiss. Goettingen, Math.-Phys. Kl.* **1918**, 98-100.

[87]   M. Hesse, H. Meier, B. Zeeh, *Spektroskopische Methoden in der organischen Chemie*, Georg Thieme Verlag, Stuttgart, **2002**.

[88]   M. Reichenbächer, J. Popp, *Strukturanalytik organischer und anorganischer Verbindungen : Ein Übungsbuch*, Teubner, Wiesbaden, **2007**.

[89]   V. 3.1, *Zetasizer Nano Benutzerhandbuch*, Malvern, **2007**.

[90]   J. Wagner, *Chem. Ing. Tech.* **1986**, *58*, 578-583.

[91]   A. Einstein, *Ann. Phys.* **1905**, *17*, 549-560.

[92]   M. Weber, *Chem. Ing. Tech.* **1994**, *66*, 707-711.

[93]   C. F. Bohren, D. R. Huffman, in *Absorption and Scattering of Light by Small Particles*, Wiley-VCH Verlag GmbH, **2007**, 82-129.

[94]   *Zetapotential und Partikelladung in der Laborpraxis : Einführung in die Theorie, praktische Meßdurchführung, Dateninterpretation*, Wiss. Verl.-Ges., Stuttgart, **1996**.

[95]   W. F. Hemminger, H. K. Cammenga, *Methoden der Thermischen Analyse*, Springer, Heidelberg, **1989**.

[96]   G. Schwedt, *Taschenatlas der Analytik*, 3. Aufl., WILEY-VCH, Weinheim, **2007**.

[97]   H. Hanser, *Lexikon der Neurowissenschaft*, Spektrum Akad. Verl., Heidelberg, **2005**.

[98]   R. A. Williams, K. F. Tesh, T. P. Hanusa, *J. Am. Chem. Soc.* **1991**, *113*, 4843-4851.

[99]   R. A. Williams, T. P. Hanusa, J. C. Huffman, *Organometallics* **1990**, *9*, 1128-1134.

[100]   P. Reimer, R. Vosshenrich, *Radiologe* **2004**, *44*, 273-283.

[101]   A. Z. Khawaja, D. B. Cassidy, J. Shakarchi, D. G. Mcgrogan, N. G. Inston, R. G. Jones, *Insights Imaging* **2015**, *6*, 553-558.

[102]   Y. S. Yoon, B. I. Lee, K. S. Lee, H. Heo, J. H. Lee, S. H. Byeon, I. S. Lee, *Chem. Commun.* **2010**, *46*, 3654-3656.

[103]   S. T. Selvan, T. T. Tan, D. K. Yi, N. R. Jana, *Langmuir* **2010**, *26*, 11631-11641.

[104]   S. V. Lechevallier, P. Lecante, R. Mauricot, H. Dexpert, J. Dexpert-Ghys, H.-K. Kong, G.-L. Law, K.-L. Wong, *Chem. Mater.* **2010**, *22*, 6153-6161.

[105]   E. Matijević, W. P. Hsu, *J. Colloid Interface Sci.* **1987**, *118*, 506-523.

[106]   Z. Qing, H. P. Wen, Q. Xin, W. Chun, L. R. Xia, *Appl. Mech. Mater.* **2012**, *182-183*, 265-269.

[107]   M. Poß, J. Napp, O. Niehaus, R. Pottgen, F. Alves, C. Feldmann, *J. Mater. Chem. C* **2015**, *3*, 3860-3868.

[108]   J. H. Kim, Y. K. Jung, J.-K. Lee, *J. Nanopart. Res.* **2010**, *13*, 2311-2318.

[109]   H.-Z. Shi, L. Li, L.-Y. Zhang, T.-T. Wang, C.-G. Wang, Z.-M. Su, *Dyes Pigm.* **2015**, *123*, 3-15.

[110]   G. Tian, Z. Gu, X. Liu, L. Zhou, W. Yin, L. Yan, S. Jin, W. Ren, G. Xing, S. Li, Y. Zhao, *J. Phys. Chem. C* **2011**, *115*, 23790-23796.

[111]   R. Birkenbach, in *Medizintechnik Life Science Engineering: Interdisziplinarität Biokompatibilität Technologien Implantate Diagnostik Werkstoffe Business*, Springer Berlin Heidelberg, Berlin, Heidelberg, **2008**, 907-913.

[112]   Y. Fang, G. Zheng, J. Yang, H. Tang, Y. Zhang, B. Kong, Y. Lv, C. Xu, A. M. Asiri, J. Zi, F. Zhang, D. Zhao, *Angew. Chem., Int. Ed.* **2014**, *53*, 5366-5370.

[113]   Z. P. Xu, Q. H. Zeng, G. Q. Lu, A. B. Yu, *Chem. Eng. Sci.* **2006**, *61*, 1027-1040.

[114]   Z. Xu, P. Ma, C. Li, Z. Hou, X. Zhai, S. Huang, J. Lin, *Biomaterials* **2011**, *32*, 4161-4173.

[115]   Z. Xu, Y. Cao, C. Li, P. A. Ma, X. Zhai, S. Huang, X. Kang, M. Shang, D. Yang, Y. Dai, J. Lin, *J. Mater. Chem.* **2011**, *21*, 3686-3694.

[116]   A. Chonn, P. R. Cullis, *Curr. Opin. Biotechnol.* **1995**, *6*, 698-708.

[117]   D. J. Crommelin, G. W. Bos, G. Storm, *Business Briefing: Pharmatech* **2003**.

[118]   J. Shin, R. M. Anisur, M. K. Ko, G. H. Im, J. H. Lee, I. S. Lee, *Angew. Chem., Int. Ed.* **2009**, *48*, 321-324.

[119]   Z.-R. Lu, S. Sakuma, *Nanomaterials in Pharmacology*, Springer New York, New York, **2016**.

[120]   O. Tacar, P. Sriamornsak, C. R. Dass, *J. Pharm. Pharmacol.* **2013**, *65*, 157-170.

[121]   K. S. Zuckerman, A. F. Lobuglio, J. A. Reeves, *J. Clin. Oncol.* **1990**, *8*, 248-256.

[122]   I. Greenwald, *J. Biol. Chem.* **1945**, *161*, 697-704.

[123]   L. E. Gerweck, K. Seetharaman, *Cancer Res.* **1996**, *56*, 1194-1198.

[124]   J. D. Byrne, T. Betancourt, L. Brannon-Peppas, *Adv. Drug Delivery Rev.* **2008**, *60*, 1615-1626.

[125]   N. S. James, T. Y. Ohulchanskyy, Y. Chen, P. Joshi, X. Zheng, L. N. Goswami, R. K. Pandey, *Theranostics* **2013**, *3*, 703-718.

[126]   Y. Jin, Y. Li, X. Ma, Z. Zha, L. Shi, J. Tian, Z. Dai, *Biomaterials* **2014**, *35*, 5795-5804.

[127]   Y. Zhu, Y. Fang, S. Kaskel, *J. Phys. Chem. C* **2010**, *114*, 16382-16388.

[128]   S. E. Skrabalak, J. Chen, L. Au, X. Lu, X. Li, Y. Xia, *Adv. Mater.* **2007**, *19*, 3177-3184.

[129]   J.-M. Oh, S.-J. Choi, G.-E. Lee, S.-H. Han, J.-H. Choy, *Adv. Funct. Mater.* **2009**, *19*, 1617-1624.

[130]   H. C. Huang, S. Barua, G. Sharma, S. K. Dey, K. Rege, *J. Controlled Release* **2011**, *155*, 344-357.

[131]   A. Juzeniene, Q. Peng, J. Moan, *Photochem. Photobiol. Sci.* **2007**, *6*, 1234-1245.

[132]   X. Deng, Y. Dai, J. Liu, Y. Zhou, P. Ma, Z. Cheng, Y. Chen, K. Deng, X. Li, Z. Hou, C. Li, J. Lin, *Biomaterials* **2015**, *50*, 154-163.

[133]   M. Liong, J. Lu, M. Kovochich, T. Xia, S. G. Ruehm, A. E. Nel, F. Tamanoi, J. I. Zink, *ACS Nano* **2008**, *2*, 889-896.

[134]   R. Kopelman, Y.-E. Lee Koo, M. Philbert, B. A. Moffat, G. Ramachandra Reddy, P. Mcconville, D. E. Hall, T. L. Chenevert, M. S. Bhojani, S. M. Buck, A. Rehemtulla, B. D. Ross, *J. Magn. Magn. Mater.* **2005**, *293*, 404-410.

[135]   L. Brannon-Peppas, J. O. Blanchette, *Adv. Drug Delivery Rev.* **2012**, *64*, 206-212.

[136]   A. Z. Wang, R. Langer, O. C. Farokhzad, *Annu. Rev. Med.* **2012**, *63*, 185-198.

[137]   D. Bechet, P. Couleaud, C. Frochot, M. L. Viriot, F. Guillemin, M. Barberi-Heyob, *Trends Biotechnol.* **2008**, *26*, 612-621.

[138]   I. Brigger, C. Dubernet, P. Couvreur, *Adv. Drug Delivery Rev.* **2012**, *64*, 24-36.

[139]   A. H. Faraji, P. Wipf, *Bioorg. Med. Chem.* **2009**, *17*, 2950-2962.

[140]   A. El-Aneed, *J. Controlled Release* **2004**, *94*, 1-14.

[141]   G. Vandongen, G. Visser, M. Vrouenraets, *Adv. Drug Delivery Rev.* **2004**, *56*, 31-52.

[142]   M. Q. Gong, J. L. Wu, B. Chen, R. X. Zhuo, S. X. Cheng, *Langmuir* **2015**, *31*, 5115-5122.

[143]   H. Gu, K. Xu, Z. Yang, C. K. Chang, B. Xu, *Chem. Commun.* **2005**, 4270-4272.

[144]   F. Gu, Z. Wang, D. Han, G. Guo, H. Guo, *Cryst. Growth Des.* **2007**, *7*, 1452-1458.

[145]   I. Y. Park, D. Kim, J. Lee, S. H. Lee, K.-J. Kim, *Mater. Chem. Phys.* **2007**, *106*, 149-157.

[146]   S. Simonato, H. Groger, J. Mollmer, R. Staudt, A. Puls, F. Dreisbach, C. Feldmann, *Chem. Commun.* **2012**, *48*, 844-846.

[147]   P. W. Atkins, J. De Paula, *Physikalische chemie*, John Wiley & Sons, **2013**.

[148]   D. Lüdecke, C. Lüdecke, *Thermodynamik*, Springer Berlin Heidelberg, **2000**.

[149]   A. F. Holleman, E. Wiberg, N. Wiberg, *Lehrbuch der anorganischen Chemie*, de Gruyter, **1995**.

[150]   A. Neuhaus, *Chem. Ing. Tech.* **1956**, *28*, 155-161.

[151]   Scharfenberger, Eysel, in *ICDD Grant-in-Aid* (Ed.: Mineral.-Petrograph. Inst. der Univ. Heidelberg), Heidelberg, **1986**.

[152]   Caro, E. Al., in *PDF2005* (Ed.: ICDD-Datenbank), **2005**.

[153]   N. Jain, Y. Wang, S. K. Jones, B. S. Hawkett, G. G. Warr, *Langmuir* **2010**, *26*, 4465-4472.

[154]   S. W. Siddiqui, P. J. Unwin, Z. Xu, S. M. Kresta, *Colloids and Surfaces A: Physicochemical and Engineering Aspects* **2009**, *350*, 38-50.

[155]   C. Lemarchand, R. Gref, P. Couvreur, *European Journal of Pharmaceutics and Biopharmaceutics* **2004**, *58*, 327-341.

[156]   R. G. Zhbankov, S. P. Firsov, E. V. Korolik, P. T. Petrov, M. P. Lapkovski, V. M. Tsarenkov, M. K. Marchewka, H. Ratajczak, *J. Mol. Struct.* **2000**, *555*, 85-96.

[157]   A. Bartos, Lieb, K.P., Uhrmacher, M., Wiarda, D., *Acta Crystallogr.* **1993**, B49, 165-169.

[158]   *DIN 66131; Bestimmung der spezifischen Oberfläche von Feststoffen durch Gasadsorption nach Brunauer, Emmett und Teller (BET)*, Beuth Verlag GmbH, **1993**.

[159]   S. Lowell, J. E. Shields, M. A. Thomas, M. Thommes, *Characterization of porous solids and powders: surface area, pore size, and density*, 4. Aufl., Kluwer, Dordrecht, **2004**.

[160]   A. K. Hauser, R. J. Wydra, N. A. Stocke, K. W. Anderson, J. Z. Hilt, *J. Controlled Release* **2015**, *219*, 76-94.

[161]   A. Wicki, D. Witzigmann, V. Balasubramanian, J. Huwyler, *J. Controlled Release* **2015**, *200*, 138-157.

[162]   X. Xu, W. Ho, X. Zhang, N. Bertrand, O. Farokhzad, *Trends Mol. Med.* **2015**, *21*, 223-232.

[163]   F. D. Fetzer J., Gabel H., *Adriamycin. Solide Tumoren, Hämoblastosen; neue Möglichkeiten der Chemotherapie.* , Kehrer, Freiburg i. Br, **1980**.

[164]   D. Farquhar, A. Cherif, E. Bakina, J. A. Nelson, *J. Med. Chem.* **1998**, *41*, 965-972.

[165]   Sigma-Aldrich, *Doxorubicin hydrochloride* http://www.sigmaaldrich.com/catalog/substance/doxorubicinhydrochloride579982531640911?lang=de®ion=DE, **2016**, besucht am: 22.2.2016.

[166]   A. S. Karakoti, S. Das, S. Thevuthasan, S. Seal, *Angew. Chem.* **2011**, *123*, 2024-2040.

[167]   H. Santos, L. Bimbo, L. Peltonen, J. Hirvonen, in *Targeted Drug Delivery : Concepts and Design* (Eds.: P. V. Devarajan, S. Jain), Springer International Publishing, **2015**, 571-513.

[168]   J. Lehmann, M. R. Schulz, R. Sanzenbacher, *Bundesgesundhbl. Gesundheitsforsch. Gesundheitsschutz* **2015**, *58*, 1215-1224.

[169]   W. Ostwald, *Die wissenschaftlichen Grundlagen der analytischen Chemie*, Salzwasser-Verlag GmbH, **2015**.

[170]   J. Evans, T. Whateley, *Trans. Faraday Soc.* **1967**, *63*, 2769-2777.

[171]   P. D. H. Weber, *Mikrobiologie der Lebensmittel: Band 3: Fleisch - Fleisch - Feinkost*, Behr, **2003**.

[172]   Z. Zhang, Y. Zheng, Y. Ni, Z. Liu, J. Chen, X. Liang, *The Journal of Physical Chemistry B* **2006**, *110*, 12969-12973.

[173]   A. Kern, R. Doetzer, W. Eysel, *Vol. 47* (Ed.: Mineral.-Petrograph. Inst. der Univ. Heidelberg), **1993**, 80.

[174]   H. E. Swanson, R. K. Fuya, *Natl. Bur. Stand. (U.S.)* **1953**, *539*, 35.

[175]   H. Gamsjäger, E. Konigsberger, W. Preis, *Pure Appl. Chem.* **1998**, *70*, 1913-1920.

[176]   K. Sing, *Colloids and Surfaces A: Physicochemical and Engineering Aspects* **2001**, *187–188*, 3-9.

[177]   A. Kumar, J. Kumar, *J. Phys. Chem. Solids* **2008**, *69*, 2764-2772.

[178]   S. Shen, P. S. Chow, F. Chen, R. B. H. Tan, *Chem. Pharm. Bull.* **2007**, *55*, 985-991.

[179]   Z. Zhou, S. Xie, D. Wan, D. Liu, Y. Gao, X. Yan, H. Yuan, J. Wang, L. Song, L. Liu, W. Zhou, Y. Wang, H. Chen, J. Li, *Solid State Commun.* **2004**, *131*, 485-488.

[180]   H. Fumiaki, I. Kei-Ichi, T. Naoki, K. Shunsuke, T. Kohki, *Japanese Journal of Applied Physics* **2007**, *46*, L796-L797.

[181]   J. P. Boeuf, *J. Phys. D: Appl. Phys.* **2003**, *36*, R53-R79.

[182]   J. F. Hamet, B. Mercey, M. Hervieu, G. Poullain, B. Raveau, *Physica C: Superconductivity* **1992**, *198*, 293-302.

[183]   R. Kakkar, P. N. Kapoor, K. J. Klabunde, *J. Phys. Chem. B* **2004**, *108*, 18140-18148.

[184]   F. Harders, S. Kienow, *Feuerfestkunde: Herstellung, Eigenschaften und Verwendung feuerfester Baustoffe*, Springer Berlin Heidelberg, **2013**.

[185]   Y. Ding, G. T. Zhang, S. Y. Zhang, X. M. Huang, W. C. Yu, Y. T. Qian, *Chem. Mater.* **2000**, *12*, 2845.

[186]   A. Ooki, M. Uematsu, *Journal of Geophysical Research: Atmospheres* **2005**, *110*, D03201.

[187]   Y. Ding, G. Zhang, H. Wu, B. Hai, L. Wang, Y. Qian, *Chem. Mater.* **2001**, *13*, 435-440.

[188]   A. D. Sherry, P. Caravan, R. E. Lenkinski, *JMRI* **2009**, *30*, 1240-1248.

[189]   M. Mochizuki, K. Akagi, K. Inoue, K. Shimamura, *J. Toxicol. Sci.* **1998**, *23*, 31-35.

[190]   A. Voigt, K. Sundmacher, *Chem. Ing. Tech.* **2007**, *79*, 229-232.

[191]   L. Chen, Y. Shen, A. Xie, J. Zhu, Z. Wu, L. Yang, *Cryst. Res. Technol.* **2007**, *42*, 886-889.

[192]   R. N. Grass, W. J. Stark, *Chem. Commun. (London)* **2005**, 1767-1769.

[193]   M. Lei, P. Li, Z. Sun, W. Tang, *Mater. Lett.* **2006**, *60*, 1261-1264.

[194]   W. H. Zachariasen, *Skr. Nor. Vidensk.-Akad.* **1928**, *Kl. 1: Mat.-Naturvidensk. Kl.*

[195]   C.-C. Lin, L.-G.-. Liu, *Phys. Chem. Miner.* **1997**, *24*, 149-157.

[196]   Y. Boyjoo, V. K. Pareek, J. Liu, *J. Mater. Chem. A* **2014**, *2*, 14270-14288.

[197]   S. El-Sheikh, S. El-Sherbiny, A. Barhoum, Y. Deng, *Colloids and Surfaces A: Physicochemical and Engineering Aspects* **2013**, *422*, 44-49.

[198]   K. Qian, T. Shi, T. Tang, S. Zhang, X. Liu, Y. Cao, *Microchim. Acta* **2011**, *173*, 51-57.

[199]   C. Zurmühl, Karlsruhe Institut für Technologie (Karlsruhe), **2011**.

[200]   F. A. Andersen, L. Brecevic, *Acta Chem. Scand* **1991**, *45*, 1018-1024.

[201]   S. R. Kamhi, *Acta Crystallogr.* **1963**, *16*, 770-772.

[202]   T. Pilati, F. Demartin, C.M. Gramaccioli, *Acta Crystallogr.* **1998**, B54, 515-523.

[203]   D. Jarosch, G. Heger, *Tschermaks Mineral. Petrogr. Mitt.* **1986**, *35*, 127.

[204]   A. Khaleel, R. M. Richards, in *Nanoscale Materials in Chemistry*, John Wiley & Sons, Inc., **2002**, 85-120.

[205]   G. Wang, Q. Peng, Y. Li, *J. Am. Chem. Soc.* **2009**, *131*, 14200-14201.

[206]   S. Hou, Y. Zou, X. Liu, X. Yu, B. Liu, X. Sun, Y. Xing, *CrystEngComm* **2011**, *13*, 835-840.

[207]   H. E. Swanson, E. Tatge, *R. Soc. London, Ser. A* **1914**, *89*, 468-487.

[208]   *Natl. Bur. Stand. (U.S.) Monogr.* **1962**, *25*, 14.

[209]   D. E. Eanes, W. A. Hailer, *Calcif. Tissue Int.* **1998**, *63*, 250-257.

[210]   G. Vidal-Valat, J.-P.-. Vidal, C. Zeyen, K. Kurki-Suonio, *Acta Crystallogr.* **1979**, B35, 1584-1590.

[211]   in *PDF 2005* (Ed.: ICDD-Datenbank), Delft, **1967**.

[212]   A. Zalkin, D. H. Templeton, *Acta Crystallogr.* **1985**, B41, 91-93.

[213]   F. Zhang, Z. Zhao, R. Tan, Y. Guo, L. Cao, L. Chen, J. Li, W. Xu, Y. Yang, W. Song, *J. Colloid Interface Sci.* **2012**, *386*, 277-284.

[214]   *Natl. Bur. Stand. (U.S.) Monogr.* **1975**, *25*, 12.

[215]   G. Burley, *J. Res. Natl. Bur. Stand. (U.S)* **1958**, *23*, 60.

[216]   J. D. Gilbert, P. G. Lenhert, *Acta Crystallogr.* **1978**, B34, 3309-3312.

[217]   M. Hata, F. Marumo, S. I. Iwai, *Acta Crystallogr.* **1980**, B36, 2128-2130.

[218]   Y. Ying, G. Chen, Y. Zhao, S. Li, Q. Yuan, *Chem. Eng. J.* **2008**, *135*, 209-215.

[219]   J. D. Hopwood, S. Mann, *Chem. Mater.* **1997**, *9*, 1819-1828.

[220]   K. Omori, *Mineral. J.* **1968**, *5*, 334-354.

[221]   A. Gutiérrez-Becerra, M. Barcena-Soto, V. Soto, J. Arellano-Ceja, N. Casillas, S. Prévost, L. Noirez, M. Gradzielski, J. I. Escalante, *Structure of reverse microemulsion-templated metal hexacyanoferrate nanoparticles*, Technische Universität Berlin, **2015**.

[222]   S. D. Jacobsen, J. R. Smyth, R. J. Swope, R. T. Downs, *Can. Mineral.* **1998**, *36*, 1053-1060.

[223]   S. G. Hosseini, R. Abazari, A. Gavi, *Solid State Sci.* **2014**, *37*, 72-79.

[224]   *Natl. Bur. Stand. (U.S.) Monogr.* **1984**, *25*, 46.

[225]   J. Arsene, Lenglet., (Ed.: ICDD-Datenbank), **1978**.

[226]   M. Ust`Yantsev, *Inorg. Mater.* **1973**, *9*, 306-309.

[227]   G. Brauer, *Handbuch der präparativen anorganischen Chemie*, Enke, Stuttgart, **1981**.

A.3   Abbildungsverzeichnis

A.4 Tabellenverzeichnis

A.5 Symbole und Abkürzungen

$\vec{k}$	Wellenvektor
@	in
0D	Nulldimensional-Punktförmig
1D	Eindimensional-Stabförmig
2D	Zweidimensional-Plättchenförmig
3D	Dreidimensional
A	Absorbanz
a_b	Bohrradius
A_{BET}	spezifische Oberfläche (BET)
ADF	ringförmiger Dunkelfelddetektor (*Annular Dark Field*)
A_{Mikro}	Oberfläche der Mikroporen
AOT	Natrium-bis(2-ethylhexyl)-Sulfosuccinat
At.-%	Atomprozent
BET-Methode	Brunauer-Emmet-Teller-Methode
BF	Hellfeld (*Brightfield*)
BJH-Methode	Barett-Joyner-Halenda-Methode
BSE	*Backscalterd Electrons*
c	Lichtgeschwindigkeit
C_{max}	maximal mögliche Übersättigung
CMC	kritische Mizellenkonzentration (*Critical Micelle Concentration*)
C_{min}	kritische Konzentration
C_s	Sättigungskonzentration
CTAB	Cetyltrimethylammoniumbromid
d	Durchmesser
CCD	*Charge-Coupled Device*
d	Abstand
D	Diffusionskoeffizient
DF	Dunkelfeld (*Darkfield*)
DH-Plot	*Dollimore-Heal-Plot*
DLS	dynamische Lichtstreuung
DXR	Doxorubicin

d_{XRD}	Kristallitgröße
E	Energie
EDX	Energiedispersive Röntgenspektroskopie (*Energy Dispersive X-Ray Spectroscopy*)
E_D	Dissoziationsenergie
E_n	Bandindex
E_0	Nullpunktsenergie
eV	Elektronenvolt
FCS	*Fetal Calf Serum*
Fern-IR	Mikrowellen- oder Ferninfrarotstrahlung
FFT-Analyse	Schnelle Fourier-Transformation (*Fast Fourier-Transformation*)
FT-IR	Fourier-Transform-Infrarotspektroskopie
g	Gramm
Gew.-%	Gewichtsprozent
h	Planck'sches Wirkungsquantum
H	Krümmung der Grenzfläche
HAADF-STEM	*High-Annular-Dark-Field-Detektor*
HeLa	*human cervix carcinoma*
HepG2	*human heptacellular carcinoma*
hkl-Werte	Miller-Indizes
HLB	Hydrophil-Lipophil-Gleichgewicht (*Hydrophil-Lipophil Balance*)
HOMO	höchstes besetztes Molekülorbital (*Highest Occupied Molecular Orbital*)
HRTEM	hochauflösende Transmissionselektronenmikroskopie (*High Resolution* TEM)
I	Intensität
IC	*Internal Conversion*
ICDD	International Centre for Diffraction Data
IR-Spektrum	Infrarotspektrum
ISC	Übergang unter Spinumkehr (*Intersystem Crossing*)
IUPAC	International Union of Pure and Applied Chemistry
k	Reaktionsrate
k	geometrischer Streufaktor
kV	Kilovolt

k_B	Bolzmann-Konstante
LEM	Laboratorium für Elektronenmikroskopie
LUMO	niedrigstes unbesetztes Molekülorbital (*Lowest Unoccupied Molecular Orbital*)
m	Masse
M	molare Masse
min	Minute
m_e	Masse des Elektrons
mm	Millimeter
MOFs	metallorganische Gerüststrukturen (*Metal Organic Frameworks*)
MRT	Magnetresonanztomographie
MTT	3-(4,5-Dimethylthiazol-2-yl)-2,5-diphenyltetrazoliumbromid
MWF	magnetisches Wechselfeld
n	Brechungsindex
nm	Nanometer
NMR	Kernresonanz (*Nuclear Magnetic Resonance*)
NP	Nanopartikel
O/W-Emulsion	Öl-in-Wasser-Emulsion
P	Impuls
p	Druck
p_0	Gleichgewichtsdruck
PCS	Photonen-Korrelationsspektroskopie
Ph	Phosphoreszenz als Strahlungsprozess
QD	Quantenpunkte (*Quantum Dots*)
QELS	Quasielastische Lichtstreuung
r	Radius
REM	Rasterelektronenmikroskopie
rpm	Rotationen pro Minute
RT	Raumtemperatur
S	Empfindlichkeit
SAED	Feinbereichsbeugung (*Selected Area Electron Diffraction*)
SE1	Sekundärelektronen, erzeugt durch Primärelektronen
SE2	Sekundärelektronen, erzeugt durch Rückstreuelektronen

SLS	*Solution-Liquid-Solid*
STEM	Rastertransmissionselektronenmikroskopie
T	Temperatur
TGA	thermogravimetrische Analyse
TEM	Transmissionselektronenmikroskopie
TMB	*Trace Metals Basis* (basierend auf der Metallreinheit)
kN	Kilonewton
u_A	Beschleunigungsspannung
UV/Vis	Ultraviolett/sichtbar (*Ultraviolett/Visible*)
v	Geschwindigkeit
V_{Mono}	für die Ausbildung einer Monolage erforderliches Gasvolumen
V_P	Porenvolumen
w	Gehalt an polarer Phase in der Mizelle
W/O-Emulsion	Wasser-in-Öl-Emulsion
w_0	Wassergehalt der Mizellen
x	Konzentration
XRD	Röntgenbeugung (*X-Ray Diffraction*)
Z-Kontrast	Ordnungszahlkontrast
α	halber Öffnungswinkel der Lichtstrahlen
β	durch die Substanz verursachte Halbhöhenbreite
δ	theoretisches Auflösungsvermögen
ε	Absorptionskoeffizient
ρ	Dichte
η	Viskosität
ω_0	Wasser-zu-Tensid-Verhältnis
ΔG	freie Energie der Grenzfläche
ΔG_{GFS}	freie Energie der Grenzflächenspannung
ΔG_{IM}	freie Energie der Interaktion der Mizellen
θ	Beugungswinkel
λ	Wellenlänge
Λ (Luft)	Raumladungsschicht
υ	Wellenzahl

A.6 Publikationsverzeichnis

J. Jung-König, R. Popescu, U. S. C. Seidl, D. Gerthsen, I. Hilger, C. Feldmann, *Gadolinium Carbonate Hollow Spheres as Nanocontainers, in preparation* **2015**.

J. Jung-König, R. Popescu, U. S. C. Seidl, D. Gerthsen, C. Feldmann, *Magnesium Carbonate Hollow Spheres as Nanocontainers, in preparation* **2016**.

A.7 Konferenzen und Tagungen

Vorträge

Nanotage, Aachen, **2014**

Seminar für Festkörperchemie, Hirschegg, **2015**

Seminar für Festkörperchemie, Hirschegg, **2016**

Posterpräsentationen

Fachgruppentagung, Dresden, **2014**

European Conference on Solid State Chemistry, Wien, **2015**

Vortragstagung Fachgruppe Festkörperchemie und Materialforschung, **2016**

Teilnahmen ohne Beitrag

Hemdsärmelkolloqium, Freiburg, **2013**

Summer School: Theory and Practice of Modern Powder Diffraction, Schönenberg und Ellwangen, **2015**

Theory and Practice of the Rietveld Method, Stuttgart, **2015**

STOE User Meeting, Darmstadt, **2015**

Hemdsärmelkolloqium, Karlsruhe, **2016**